高等学校规划教材

装配式建筑概论

主编 叶 明　　主审 叶浩文

中国建筑工业出版社

图书在版编目（CIP）数据

装配式建筑概论/叶明主编. —北京：中国建筑工业出版社，2018.9（2023.8重印）
高等学校规划教材
ISBN 978-7-112-22718-1

Ⅰ.①装… Ⅱ.①叶… Ⅲ.①装配式构件-高等学校-教材
Ⅳ.①TU3

中国版本图书馆 CIP 数据核字（2018）第 217903 号

在高等学校内开设这门课程的目的：一是，通过这门课程将其他专业知识串联起来，形成较为完整的建筑系统工程理论；二是，帮助学生建立建筑工业化的思维模式，理解掌握一体化建造的技术与方法；三是，为了适应新时代发展要求，培养装配式建筑工程所需的专业人才。本书内容共 8 章，包括：第 1 章 绪论、第 2 章 装配式建筑设计、第 3 章 装配式建筑结构、第 4 章 预制构件生产、第 5 章 装配化施工、第 6 章 装配式装修、第 7 章 工程管理模式与信息化应用、第 8 章 装配式建筑工程案例。

本书适用于高等学校土木工程专业、建筑学专业、工程管理专业等相关专业师生。

责任编辑：王华月　范业庶
责任校对：张　颖

高等学校规划教材
装配式建筑概论
主编　叶　明　主审　叶浩文
＊
中国建筑工业出版社出版、发行（北京海淀三里河路 9 号）
各地新华书店、建筑书店经销
北京红光制版公司制版
建工社（河北）印刷有限公司印刷
＊
开本：787×1092 毫米　1/16　印张：12　字数：263 千字
2018 年 10 月第一版　　2023 年 8 月第八次印刷
定价：**45.00** 元
ISBN 978-7-112-22718-1
　　　（32821）

本书编委会

主审：
　　叶浩文　中建科技有限公司
主编：
　　叶　明　中国建筑学会建筑产业现代化发展委员会
副主编：
　　华建民　重庆大学土木工程学院
　　张伟林　安徽建筑大学

编写人员：（按姓氏笔画排序）
　　冯晓科　北京住总万科建筑工业化科技股份有限公司
　　庄小波　上海领业建筑科技有限公司
　　刘　明　沈阳建筑大学
　　刘云龙　北京和能人居科技有限公司
　　刘运林　安徽建筑大学
　　刘瀚超　西安建筑科技大学
　　齐　园　北方工业大学土木工程学院
　　纪颖波　北方工业大学土木工程学院
　　李英民　重庆大学土木工程学院
　　李瑞锋　浙江精工钢结构集团有限公司
　　张　宏　东南大学建筑学院
　　张　静　中国建筑学会建筑产业现代化发展委员会
　　张树辉　山东万斯达建筑科技有限公司
　　张爱林　北京建筑大学
　　陈　江　四川大学土木工程学院
　　赵　勇　同济大学土木工程学院
　　赵　钿　中国建筑设计研究院装配式建筑工程研究院
　　赵丽坤　北方工业大学土木工程学院
　　姜　楠　中国建筑学会建筑产业现代化发展委员会
　　姜洪斌　哈尔滨工业大学土木工程学院
　　徐国军　浙江精工钢结构集团有限公司
　　高春风　北京住总万科建筑工业化科技股份有限公司
　　黄乐鹏　重庆大学土木工程学院
　　龚顺风　浙江大学土木工程学院
　　熊　峰　四川大学土木工程学院
　　樊则森　中建科技有限公司

前　言

　　近年来，装配式建筑在国家和地方政策的持续推动下得到了快速发展，为建筑业改革与创新注入了强大活力。发展装配式建筑是建造方式的重大变革，是从传统建造方式向工业化建造方式的转变，与传统建造方式相比，具有全新的发展理念、系统的基础理论和先进的技术方法。本教材主要基于我国装配式建筑的发展背景，着眼于新时期我国建筑业转型升级、创新发展的要求，旨在为适应装配式建筑的发展、建造方式的变革以及人才培养的需求，提供一本具有基础性、系统性和先进性的高等学校教材。

　　人才是产业创新发展的基础，教育是提升创新能力的根本。目前高等学校的教学教材，一直沿用着的依据传统建造方式所形成的教学教材体系，已经不能完全适应新时期发展的新要求。在高等学校开设有关装配式建筑的学科，设置有关装配式建筑的相关课程，是高等学校教学改革发展的必然要求。在高等学校内开设这门课程的目的：一是，通过这门课程将其他专业知识串联起来，形成较为完整的建筑系统工程理论；二是，帮助学生建立建筑工业化的思维模式，理解掌握一体化建造的技术与方法；三是，为了适应新时代发展要求，培养装配式建筑工程所需的专业人才。

　　鉴于此，我们在编写这本《装配式建筑概论》时，主要基于如下考虑。第1章主要介绍装配式建筑的基本概念、基本特征、系统构成、内涵与外延。第2章主要介绍装配式建筑结构体系类型，以及技术特点和要求。第3章至第7章分别介绍装配式建筑工程的主要环节，包括装配式建筑设计、预制构件生产制作、装配化施工、装配化装修和信息化管理。为了增加学生对装配式建筑的理解和系统性认识，本书最后一章，提供了完整的工程案例供学生学习时参考。在各章内容的介绍中，尽量避免出现学生难于理解的实操性强的专业内容，而将注意力集中在基本理论、思维方法、基础知识等层面上，更加有助于老师的教学与学生的理解和掌握。

　　为了编写一本适合装配式建筑发展要求的高等学校教材，由中国建筑学会建筑产业现代化发展委员会发起，并组织了全国10多所建筑类高等院校以及设计、生产、施工等方面的领军企业，组成编委会共同编写。具体分工如下：前言、第1章由叶明编写；第2章由樊则深、赵钿、张宏编写；第3章由赵勇、徐国军、李瑞锋、庄小波编写；第4章由冯晓科、高春风编写；第5章由华建民、张树辉编写；第6章由张伟林、刘运林编写；第7章由叶明、纪颖波、赵丽坤、齐园编写；第8章由庄小波、李瑞锋、刘云龙编写；姜楠、张静对全书进行编辑整理，最后由叶明统稿，叶浩文主审。

在组织编写的过程中，主要以国家现行标准为依据，收集并参考了大量的文献资料，汲取有关研究成果和工程实践。由于时间仓促，加之目前装配式建筑发展正处于起步阶段，理论基础、工程实践和技术积累较少，本书难免有疏漏和不足之处，敬请读者批评指正。

本书编委会

2018 年 8 月

目　录

第1章 绪论

1.1 装配式建筑的概念

1.1.1 基本概念

装配式建筑的基本概念一般可以从狭义和广义两个不同角度来理解或定义。

（1）从狭义上理解和定义。装配式建筑是指用预制部品、部件通过可靠的连接方式在工地装配而成的建筑。在通常情况下，从建筑技术角度来理解装配式建筑，一般都按照狭义上理解或定义。

（2）从广义上理解和定义。装配式建筑是指用工业化建造方式建造的建筑。工业化建造方式主要是指在房屋建造全过程中采用标准化设计、工业化生产、装配化施工、一体化装修和信息化管理为主要特征的建造方式。

工业化建造方式应具有鲜明的工业化特征，各生产要素包括生产资料、劳动力、生产技术、组织管理、信息资源等在生产方式上都能充分体现专业化、集约化和社会化。从装配式建筑发展的目的（建造方式的重大变革）的宏观角度来理解装配式建筑，一般按照广义上理解或定义。

1.1.2 装配式建筑系统构成

装配式建筑的系统构成与分类，按照系统工程理论，可将装配式建筑看作一个由若干子系统"集成"的复杂"系统"，主要包括主体结构系统、外围护系统、内装修系统、机电设备系统四大系统，如图 1-1 所示。其中：

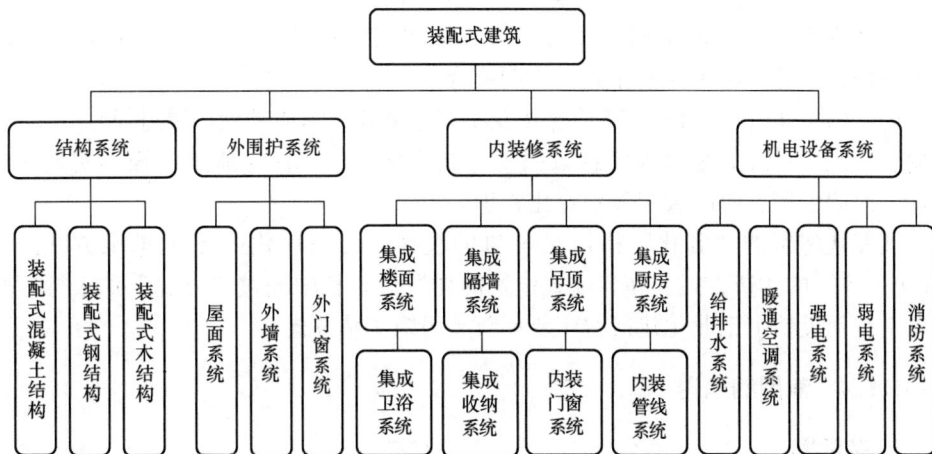

图 1-1 装配式建筑系统构成与分类框图

1. 主体结构系统

主体结构系统按照建筑材料的不同，可分为装配式混凝土结构、装配式钢结构、木结构建筑和各种组合结构。其中，装配式混凝土结构是装配式建筑中应用量最大、涉及建筑类型最多的结构体系，包括：装配式框架结构体系、装配式剪力墙结构体系、装配式框架-现浇剪力墙（核心筒）结构体系等。

2. 外围护系统

外围护系统由屋面系统、外墙系统、外门窗系统等组成。其中，外墙系统按照材料与构造的不同，可分为幕墙类、外墙挂板类、组合钢（木）骨架类等多种装配式外墙围护系统。

3. 内装修系统

内装修系统主要由集成楼地面系统、隔墙系统、吊顶系统、厨房、卫生间、收纳系统、门窗系统和内装管线系统等 8 个子系统组成。

4. 机电设备系统

机电设备系统包括给排水系统、暖通空调系统、强电系统、弱电系统、消防系统和其他系统等。按照装配式的发展思路，设备和管线系统的装配化应着重发展模块化的集成设备系统和装配式管线系统。

1.1.3　装配式建筑基本特征

装配式建筑集中体现了工业化建造方式，其基本特征主要体现在：标准化设计、工厂化生产、装配化施工、一体化装修和信息化管理。

（1）标准化设计：标准化是装配式建筑所遵循的设计理念，是工程设计的共性条件，主要是采用统一的模数协调和模块化组合方法，各建筑单元、构配件等具有通用性和互换性，满足少规格、多组合的原则，符合适用、经济、高效的要求。

（2）工厂化生产：采用现代工业化手段，实现施工现场作业向工厂生产作业的转化，形成标准化、系列化的预制构件和部品，完成预制构件、部品精细制造的过程。

（3）装配化施工：在现场施工过程中，使用现代机具和设备，以构件、部品装配施工代替传统现浇或手工作业，实现工程建设装配化施工的过程。

（4）一体化装修：一体化装修是指建筑室内外装修工程与主体结构工程紧密结合，装修工程与主体结构一体化设计，采用定制化部品部件实现技术集成化、施工装配化，施工组织穿插作业、协调配合。

（5）信息化管理：以 BIM 信息化模型和信息化技术为基础，通过设计、生产、运输、装配、运维等全过程信息数据传递和共享，在工程建造全过程中实现协同设计、协同生产、协同装配等信息化管理。

装配式建筑的"五化"特征是有机的整体，是一体化的系统思维方法，是"五化一体"的建造方式。在装配式建筑的建造全过程中通过"五化"的表征，全面、系统地反映了工业化建造的主要环节和组织实施方式。

1.1.4　常用的术语

1. 装配率

装配率是指装配式建筑中预制构件、建筑部品的数量（或面积）占同类构件或部品总数量（或面积）的比率。用于表征装配式建筑的主体结构、围护结构和室内装修的构件部品装配化程度。

2. 预制率

预制率是指装配式建筑±0.000 标高以上主体结构中预制部分的混凝土用量占对应构件混凝土用量的体积比。用于表征装配式建筑主体结构的装配化程度。

预制率计算公式：

$$\rho_V = \frac{V_1}{V_1 + V_2} \times 100\% \tag{1-1}$$

式中：ρ_V——装配式建筑的预制率；

V_1——±0.000 标高以上的主体结构和围护结构中，预制构件部分的混凝土用量（体积）；

V_2——±0.000 标高以上的主体结构和围护结构中，现浇混凝土用量（体积）。

3. 建筑部品

建筑部品（或装修部品）一词主要来源于日文。在 20 世纪 90 年代初期，我国建筑科研、设计机构通过学习借鉴日本的经验，结合我国实际，从建筑集成技术化的角度，提出了发展"建筑部品"这一概念。

建筑部品是指由建筑材料或单个产品（制品）和零配件等，通过设计并按照标准在现场或工厂组装而成，且能满足建筑中该部位规定的功能要求。例如：集成卫浴、整体屋面、复合墙体、组合门窗等。建筑部品主要由主体产品、配套产品、配套技术和专用设备四部分构成。其中：

（1）主体产品是指在建筑中某特定部位能够发挥主要功能的产品。主体产品应具有规定的功能和较高的技术集成度，具备生产制造模数化、尺寸规格系列化、施工安装标准化的程度。

（2）配套产品是指主体产品应用所需的配套材料、配套件。配套产品要符合主体产品的标准和模数要求，应具备接口标准化、材料设备专用化、配件产品通用化的程度。

（3）配套技术是指主体产品和配套产品的接口技术规范和质量标准，以及产品的设计、施工、维护、服务规程和技术要求等，且满足国家标准的要求。

（4）专用设备是指主体产品和配套产品在整体装配过程中所采用的专用工具和设备。

能够称为建筑部品除具备以上四部分条件外，在建筑功能上必须能够更加直接表达建筑某些部位的一种或多种功能要求；具备内部构件与外部相连的部件具有良好的边界条件和界面接口技术；具备标准化设计、工业化生产、专业化施工和社会化供应的条件和能力。

建筑部品是建筑产品的特殊形式，建筑部品是特指针对建筑某一特定的功能部位，而建筑产品是泛指是针对建筑所需的各类材料、构件、产品和设备的统称。

1.2　装配式建筑内涵与外延

1.2.1　装配式建筑的内涵

发展装配式建筑是建造方式的重大变革，是从传统建造方式向新型工业化建造方式的转变，是新时代我国建筑业从高速增长阶段向高质量发展阶段转变的必然要求，是推进供给侧结构性改革、培育新产业新动能、促进建筑业转型升级的重要举措。有利于节约资源能源、减少环境污染；有利于提升劳动生产效率和质量安全水平；有利于促进建筑业与信息化工业化深度融合。

发展装配式建筑是建造文明的发展进程，装配式建造与传统建造方式相比具有一定的先进性、科学性，这一新的建造方式不仅表现在建造技术上，更重要体现在企业的经营理念、组织内涵和核心能力方面发生了根本性变革，是一场生产方式的革命。

装配式建筑是以建筑为最终产品，强调标准化、工厂化和装配化，以及室内装修与主体结构一体化，具有系统化、集约化的显著特征。装配式建筑建造的全过程是运用工业化的理念，采用标准化设计方法，通过建筑师对全过程的控制，进而实现工程建造方式的工业化，以及建筑产业的现代化。

1.2.2　装配式建筑与传统建造方式的区别

装配式建筑是以建筑为最终产品的经营理念，采用一体化、工业化的建造方法，建立了对整个项目实行整体策划、全面部署、协同运营的管理方式。而传统的建造方式是以现场手工湿作业为主，设计与生产、施工脱节，运营管理碎片化，追求各自承包商的效益效率。装配式建筑与传统建造方式相比实现了房屋建造方式的创新和变革，全面提高建筑工程的质量、安全、效率和效益。装配式建筑与传统建造方式之间的区别见表1-1。

装配式建筑与传统建造方式之间的区别　　　　　　　　　表 1-1

内　容	传统建造方式	装配式建筑
设计阶段	不注重一体化设计； 设计专业协同性差； 设计与施工相脱节	标准化、一体化设计； 信息化技术协同设计； 设计与施工紧密结合
施工阶段	现场施工湿作业、手工操作为主； 工人综合素质低、专业化程度低	设计施工一体化、构件生产工厂化； 现场施工装配化、施工队伍专业化
装修阶段	以毛坯房为主； 采用二次装修	集成定制化部品、现场快捷安装； 装修与主体结构一体化设计、施工
验收阶段	竣工分部、分项抽检	全过程质量检验、验收
管理阶段	以包代管、专业化协同弱； 依赖农民工劳务市场分包； 追求设计与施工各自效益	工程总承包管理模式； 全过程的信息化管理； 项目整体效益最大化

1.2.3 装配式建筑的外延

基于装配式建筑发展是建造方式重大变革这一重要发展目标的拓展和延伸，现阶段装配式建筑的外延主要包括：建筑工业化和建筑产业现代化两个重要概念。

1. 建筑工业化

建筑工业化是装配式建筑发展的路径。建筑工业化是指从传统建造方式向现代工业化建造方式转变的过程，是以建筑为最终产品，并在房屋建造全过程中，采用标准化设计、工厂化生产、装配化施工、一体化装修和信息化管理等为主要特征的工业化生产方式。装配化是建筑工业化的主要特征和组成部分，工程建造的装配化程度具体体现了建筑工业化的程度和水平。

我国建筑工业化的提出始于 20 世纪 50 年代，国务院在 1956 年 5 月发布了《关于加强和发展建筑工业化的决定》，决定中提出了"为从根本上改善我国的建筑工业，实行工厂化、机械化施工，逐步完成对建筑工业的技术改造，逐步完成向建筑工业化过渡"的发展要求。

1978 年，国家建委先后在河北香河召开了全国建筑工业化座谈会、在河南新乡召开了全国建筑工业化规划会议，明确提出了建筑工业化的概念，即"用大工业生产方式来建造工业与民用建筑"，并提出"建筑工业化以建筑设计标准化、构件生产工厂化、施工机械化以及墙体改革为重点"的发展要求。

1995 年，建设部出台了《建筑工业化发展纲要》，给出了更为全面的建筑工业化定义，即"建筑工业化是指建筑业从传统手工操作为主的小生产方式逐步向社会化大生产方式过渡，即以技术为先导，采用先进、适用的技术和装备，在建筑标准化的基础上，发展建筑构配件、制品和设备的生产，培育技术体系和市场，使建筑业生产、经营活动逐步走向专业化、社会化道路"。

建筑工业化是运用现代工业化的组织和生产手段，对建筑生产全过程的各个阶段的各个生产要素的技术集成和系统整合，达到建筑设计标准化，构件生产工厂化，住宅部品系列化，现场施工装配化，土建装修一体化，生产经营社会化，形成有序的工业化流水式作业，从而提高质量，提高效率，提高寿命，降低成本，降低能耗。因此，发展装配式建筑是实现建筑工业化的核心和路径。

2. 建筑产业现代化

建筑产业现代化是装配式建筑发展的目标。现阶段以装配式建筑发展作为切入点和驱动力，其根本目的在于推动并实现建筑产业现代化。

建筑产业现代化以建筑业转型升级为目标，以装配式建造技术为先导，以现代化管理为支撑，以信息化为手段，以建筑工业化为核心，通过与工业化、信息化的深度融合，对建筑的全产业链进行更新、改造和升级，实现传统生产方式向现代工业化生产方式转变，从而全面提升建筑工程的质量、效率和效益。

建筑产业现代化针对整个建筑产业链的产业化，解决建筑业全产业链、全寿命周期的发展问题，重点解决房屋建造过程的连续性问题，使资源优化，整体效益最大化。建筑工业化是生产方式的工业化，是建筑生产方式的变革，主要解决房屋建造过程中的生产方式问题，包括技术、管理、劳动力、生产资料等，目标更具体明确。标准化、装配化是工业化的基础和前提，工业化是产业化的核心，只有工业化达到一定程度才能实现产业现代化。因此，产业化高于工业化，建筑工业化的发展目标就是实现建筑产业现代化。

1.2.4 装配式建筑发展历程

装配式建筑历史悠久，早在 20 世纪初期，欧洲一些国家就开始采用装配混凝土结构建筑，后推广至美国。到 20 世纪 60 年代中期，装配式混凝土建筑得到大量推广，技术日趋成熟。日本的装配式建筑的研究是从 1955 年住宅公团成立时开始，至 20 世纪 80 年代后期，形成了若干较为成熟的装配式混凝土结构体系，并结合减震、隔震以及高强高性能混凝土技术，目前工程应用较为普遍。

我国装配式混凝土结构始于 20 世纪 50 年代，在苏联建筑工业化影响下，我国建筑行业开始走预制装配的建筑工业化道路，这一时期主要以发展预制构件为主，预制构件类型主要有：用于工业厂房的预制柱、预制屋面梁、预制吊车梁和用于住宅建筑的预制空心板等，大多采用现场预制的方式。至 20 世纪 80 年代，预制构件的应用得到了长足发展，形成了内浇外挂、框架等各种装配式混凝土结构，以及预制空心楼板的砌体结构等多种建筑体系。到 20 世纪 90 年代初期，因装配式结构抗震性能差、建筑物理性能不好、经济水平局限等原因，发展陷入停滞。

21 世纪初，随着我国改革开放和经济社会的快速发展，以及建筑业生产力水平的提高，1999 年国务院发布了《关于推进住宅产业现代化提高住宅质量的若干意见》（国办发 72 号）文件，明确了住宅产业现代化的发展目标、任务、措施等要求。但总体来说，在 21 世纪的前十年，发展相对缓慢。到 2010 年以后，随着我国建筑业的产业规模不断扩大，人们对建筑质量、建筑节能环保的要求不断提高，以及人口红利逐步淡出的客观事实，建筑行业必须进行转型升级。2016 年，中共中央国务院《关于进一步加强城市规划建设管理工作的若干意见》（中发〔2016〕6 号）文件，首次提出"发展新型建造方式。大力推广装配式建筑，力争用 10 年左右时间，使装配式建筑占新建建筑的比例达到 30%。"的明确要求。至此，我国装配式建筑发展进入了大发展时期。

1.2.5 装配式建筑在行业发展中的作用和地位

近年来，发展装配式建筑受到党中央、国务院的高度重视，同时也得到各地方政府和企业的积极响应。为此，在国民经济社会发展中必然有其重要的作用和地位。

1. 作用

2016 年 9 月，国务院办公厅印发了《关于大力发展装配式建筑的指导意见》（国办发〔2016〕71 号）文件，明确提出了"发展装配式建筑是建造方式的重大变革，是推进供给侧结构性改革和新型城镇化发展的重要举措，有利于节约资源能源、减少施工污染、提升劳动生产效率和质量安全水平，有利于促进建筑业与信息化工业化深度融合、培育新产业新动能、推动化解过剩产能"，深刻表明了发展装配式建筑的重大意义和作用。其作用主要在于：

（1）是贯彻落实国家绿色发展理念需要。发展装配式建筑有利于节约资源能源；有利于减少施工污染、保护环境；有利于减少建筑垃圾排放，节水、节材；有利于促进工程建设全过程实现绿色建造的发展目标。

（2）是促进建筑业向高质量发展的需要。发展装配式建筑是建造方式的重大变革，也是生产方式的革命，有利于提高建筑工程质量和品质，有利于提高工程效率和效益，是新时代建筑业由高速增长阶段向高质量发展阶段转变的重要举措。

（3）是促进建筑业与信息化、工业化深度融合的需要。我国正处在信息化、工业化高速发展阶段，建筑业与其他行业相比，其信息化、工业化水平较低，通过装配式建筑发展和驱动，促进建筑业与信息化、工业化的深度融合，将极大地改变建筑业传统粗放的发展方式，极大地提高建筑业整体素质和能力。

（4）是供给侧结构性改革，培育新产业、新动能需要。发展装配式建筑是住房城乡建设领域推进供给侧结构性改革，培育新产业、新动能的重要抓手，可以优化产业结构，整合产业资源，提高供给质量，增强我国建筑业创新发展能力。

（5）是建筑业转型升级，实现建筑产业现代化的需要。发展装配式建筑为我国建筑业转型升级提供了新理念、新机遇，为解决建筑业长期以来一直延续的传统粗放的发展方式，提供了新型建筑工业化的发展理念；为新时期建筑业的创新发展，提供了前所未有的机遇和挑战。

2. 地位

发展装配式建筑在国家经济社会发展中的重要作用，决定了在住房城乡建设领域中具有极为重要的地位，突出体现在行业发展中的先导性、基础性和支撑性地位。

（1）发展装配式建筑在行业发展中具有先导性地位

我国改革开放以来，建筑业的产业规模不断扩大，科技水平不断提高，建造能力不断增强，带动了大量关联产业，已成为国民经济的重要支柱产业。但是，目前我国建筑业仍是一个劳动密集型、建造方式相对落后的传统产业，这种传统粗放的生产方式已不能适应新时代发展要求。

生产方式决定了生产质量、效率和资源消耗的水平。因此，当前大力发展装配式建筑，就是将其作为先导性建造技术、产业发展的新动能和先进的生产力，驱动并改变建筑业目前发展不充分、不平衡和不相适应的传统粗放的建造方式，进而实现传统生产方式向现代工业化生产方式转变。因为，有什么样的生产力，就决定了有什么样的生产关系。通过大力发展装配式建筑并作为先进的生产力，进而助力并驱动建筑业从技术和管理以及体制机制上发生根本性变革，从而实现建筑业的转型升级。为此，发展装配式建筑在行业创新发展中具有先导性地位。

（2）发展装配式建筑在行业发展中具有基础性地位

发展装配式建筑是建造方式的变革，是生产方式的革命，也是实现建筑产业现代化的重要内容和基础。发展装配式建筑不同于以往的新技术推广和应用，也不仅仅是简单的装配率高低，它涉及整个住房和城乡建设领域的方方面面，包括资质管理、招投标管理、审图制度、质量监管等体制机制。通过发展装配式建筑的途径将房屋建造的全过程连接为一个完整的产业系统，从而形成建筑设计、生产、施工和管理一体化的生产组织形式，改变传统落后的生产方式，全面提升行业整体素质，推动建筑业转型升级。

（3）发展装配式建筑在行业发展中具有支撑性地位

发展装配式建筑是对建筑业乃至住房城乡建设领域在新时代的新要求，是一项带有革命性、根本性、全局性的工作，也是对行业自身的新跨越。所谓革命性，是指生产方式变革，是以现代工业化的生产方式替代传统的劳动密集型的生产方式。所谓根本性，是解决一直以来房屋建造过程中存在的质量、安全、品质、效益、节能、环保等一系列重大问题的根本途径。所谓全局性，它不仅是房屋建设自身的生产方式变革，也将推动我国建筑业转型升级，涉及住房城乡建设的方方面面，能够实质、有效地响应建筑产业现代化的要求，完成对建筑业革命性、根本性、全局性的改变，实现建筑产业现代化的发展目标。

学 习 与 思 考

1. 什么是装配式建筑？
2. 装配式建筑的基本特征是什么？
3. 装配式建筑的系统构成有哪些？
4. 请说明装配式建筑与传统建造方式的主要区别是什么？
5. 发展装配式建筑的目的是什么？
6. 发展装配式建筑的必要性是什么？

第2章 装配式建筑设计

本章围绕建筑的工业化建造方式，以系统的思维和方法，阐述装配式建筑的建筑设计，论述其设计理论、原则与方法。

装配式建筑与一般的建筑有着根本性差异。一般建筑以钢筋、水泥等原材料和砌块等初级建筑材料为基础，设计具有很大的"随意性"，几乎"不受限制"，但这种"无限可能"的代价是最终交付成果的质量问题多、生产效率低、建筑寿命短。装配式建筑是诸多工业化建造方式中的一种，是一种高度集成的建造类型，装配式建筑的设计是基于工厂制造的部品部件（或称为构件）。这种"原材料"的差别，必然要求用创新的理念进行装配式建筑的设计，同时也必须创新设计方法、优化设计流程。

要做好装配式建筑，应建立以最终交付建筑物为成品的系统化和产品化理念；要做好装配式建筑，应采用系统化、一体化的设计方法。也就是说，在工程设计中应该全面地应用装配式建筑设计方法，而不是局部的、碎片化的设计；否则，必然会导致设计、生产、施工的矛盾和冲突。因此，对于装配式建筑的设计，必须要从装配式建筑的设计理念、方法、流程、要点及设计阶段和专业划分等方面全面学习和掌握装配式建筑设计。

2.1 装配式建筑设计理念

2.1.1 系统工程理论

1. 系统理论概述

系统工程理论是工业化的思维和方法，是实现系统工程最优化的管理工程技术。钱学森先生是我国系统工程理论的奠基人，20世纪我国两弹一星、运载火箭等重大项目的成功，即受惠于系统工程的理论和方法的引入。21世纪以来我国大型飞机、高铁、智能制造等重大工程，都是我国制造业全面和深入应用系统工程理论和方法的成功案例。今天，我们发展装配式建筑，就是要向制造业学习，建立起工业化的系统工程理论基础和方法，将装配式建筑作为一个完整的建筑产品来进行研究和实践。

多年以来，我国的建筑设计行业与建筑部品生产、施工安装之间一直存在着脱节的问题。在近二十年的房地产大发展的过程中，这种现象越来越严重。建筑设计对规范和标准考虑得多，对加工生产、施工安装的需要考虑得少，这就导致在建设过程中出现很多问题，主要表现为生产效率低、材料浪费大、建筑质量不高。从系统角度看，主要原因有两个方面：一方面，受我国早期计划经济时期实行的行业划分影响——建筑设计、加工制造、施工建造分属不同行业，分业管理，造成互相分隔、各自为政，产业链在技术和管理上整体上呈现"碎片化"的特征；另一方面，受专业分工的影响——建筑、结构、机电设备、装饰装修等各专业之间协同不足，设计文件的完成度不高，专业之间错漏碰缺的问题十分普遍。另外，房地产快速发展推出的大量"毛坯房"，导致建筑设计成果也基本是"半成品"，更加拉低了建筑设计的质量。由于缺少整体的协同优化设计，无法提供功能完整的建筑产品，因此也阻碍了规模化、工业化、社会化的供应。总之，现有的建筑工程，没有形成真正完整的系统，子系统之间不连续、不协同加剧了问题的程度；另外，现行的建设管理体制缺少系统性，不适应新时代发展要求，直接影响了建设领域的高质量发展。

综上分析，当前建筑行业发展的主要问题在于"系统性"与"碎片化"的矛盾。制约建筑业向高质量发展的关键是各种技术要素均处于"碎片化"状态，缺乏系统性的整合，其发展的核心是如何实现"系统性"问题。因此，我们应将建筑作为一个复杂系统，以达到总体效果最优为目标，用系统集成的理论和方法，融合设计、生产、装配、管理及控制等要素手段，才能实现我国建筑工程有高效率、高效益、高质量和高品质。

装配式建筑是建造方式的重大变革。装配式建造方式具有工业制造的特征，所以需要建立以建筑为最终产品的系统工程理念，用工业化的设计思维和方法来建造房屋。装配式建筑的建造过程是一个产品生产的系统流程，要通过建筑师对建造全过程的控制，进而实现工程建造的标准化、一体化、工业化和高度组织化。毫无疑问，发展装配式建筑既是一场建造方式的大变革，也是生产方式的革新，更是实现我国建筑业转型和创新发展的必由之路。

2. 系统设计理念

系统工程理论是装配式建筑设计的基本理论。在装配式建筑设计过程中，必须建立整体性设计的方法，采用系统集成的设计理念与工作模式。系统设计应遵循以下原则：

（1）要建立一体化、工业化的系统方法。设计伊始，首先要进行总体技术策划，要先决定整体技术方案，然后进入具体设计，即先进行建筑系统的总体设计，然后再进行各子系统和具体分部设计。

（2）要把建筑当作完整的工业化成品进行设计。装配式建筑设计应实现各专业系统之间在不同阶段的协同、融合、集成、创新，实现建筑、结构、机电、内装、智能化、造价等各专业的一体化集成设计。

（3）要以实现工程项目的整体最佳为目标进行设计。通过综合各专业的系统，进行分析优化，采用信息化手段来构建系统模型，优化系统结构和功能质量，使之达到整体效率、效益最大化。

（4）要采用标准化设计方法，遵循"少规格、多组合"的原则进行设计。需要建立建筑部品和单元的标准化模数模块、统一的技术接口和规则，实现平面标准化、立面标准化、构件标准化和部品标准化。

（5）要充分考虑生产、施工的可行性和经济性。设计要充分考虑构件部品生产和施工的可行性因素，通过整体的技术优化，进而保证建筑设计、生产运输、施工装配、运营维护等各环节实现一体化建造。

3. 系统构成与分类

按照系统工程理论，装配式建筑需要进行全方位、全过程、全专业的系统化研究和实践。应该把装配式建筑看作一个由若干子系统"集成"的复杂"系统"（图 1-1）。

装配式建筑系统构成主要包括：主体结构系统、外围护系统、内装系统、机电设备系统四大系统。其中：

（1）主体结构系统按照材料不同分为混凝土结构、钢结构、木结构和各种组合结构；

（2）外围护系统分为屋面子系统、外墙子系统、外门窗子系统和外装饰子系统等组成，外墙子系统按照材料与构造的不同，也可分为幕墙类、外墙挂板类、组合钢（木）骨架类和三明治外墙类等多种装配式外墙系统；

（3）内装系统主要由集成楼地面子系统、隔墙子系统、吊顶子系统、厨房子系统、卫生间子系统、收纳子系统、门窗子系统和内装管线子系统8个子系统组成；

（4）机电设备系统包括给排水子系统、暖通空调子系统、强电子系统、弱电子系统、消防子系统和其他子系统等，按照装配式的发展思路，机电设备系统的装配化应着重发展模块化的集成设备系统和装配式管线系统。

装配式建筑涉及规划设计、生产制造、施工安装、运营维护等各个阶段，需要全面统筹设计方法、技术手段、经济选型。

2.1.2 系统设计方法

1. 标准化设计

标准化设计是装配式建筑工作中的核心部分。标准化设计是提高装配式建筑的质量、效率、效益的重要手段；是建筑设计、生产、施工、管理之间技术协同的桥梁；是装配式建筑在生产活动中能够高效率运行的保障。因此，发展装配式建筑必须以标准化设计为基础。

发展装配式建筑是建造方式的重大变革，是以标准化、信息化的工业化生产方式代替粗放的半手工、半机械建造方式。装配式建筑通过计标准化、生产工厂化、建造装配化，实现建造全过程程工业化，优化整合产业链的各个环节，实现项目整体效益最大化。

标准化设计方法的建立，是实现建筑标准化、系列化和集约化的开始，有利于建筑技术产品的集成，实现从设计到建造，从主体到内装，从围护系统到设备管线全系统、全过程的工业化。

标准化设计是实现社会化大生产的基础，专业化、协作化必须要在标准化设计的前提下才能实现。装配式建筑是以房屋建筑为最终产品，其生产、建造过程必须实行多专业的协作，并由不同的专业生产企业协作完成，协调统一的基础就是标准化设计；同时，部品部件的生产、制作也必须标准化，才有可能达到较高的精细化程度。因此，只有建立以标准化设计为基础的工作方法，装配式建筑的工程建设才能更好地实现专业化、协作化和集约化，这是实现社会化大生产的前提。

标准化设计有助于解决装配式建筑的建造技术与现行标准之间的不协调、不匹配、甚至相互矛盾的问题；有助于统一科研、设计、开发、生产、施工和管理等各个方面的认识，明确目标，协调行动，进而推动装配式建筑的持续、健康发展。

2. 一体化设计

一体化设计，也叫作系统集成设计，是指以设计的房屋建筑为完整的建筑产品对象，通过建筑、结构、机电、内装、幕墙、经济等各专业实现一体化协同设计，并统筹建筑设计、部品生产、施工建造、运营维护等各个阶段，充分考虑建筑全寿命周期的问题。

一体化协同设计采用建筑信息模型（BIM）技术，能够实现各专业之间的高效协同与配合。一方面，一组协同的 BIM 模型可被各个专业共同使用，能够完整地描述工程设计对象，真实反映建筑产品的信息。BIM 技术为建筑工程提供了一种基于计算机模拟的可视化建筑模型，帮助各专业改进和优化设计，提高设计、施工和运维的质量，减少浪费，创造价值。另一方面，BIM 技术可以作为沟通协同的工作方式，为建筑产品提供了多方可以在同一个平台上协作的工作平台，创造了一种新型的项目管理和协作模式。

一体化设计在工程项目的各个设计阶段，应充分考虑装配式建筑的设计流程特点及项目技术经济条件，对建筑、结构、机电设备及室内装修进行统一考虑，保证室内装修设计、建筑结构、机电设备及管线、生产、施工形成有机结合的完整系统，实现装配式建筑的各项技术系统得到协同和优化。

3. 系列化设计

系列化设计是标准化设计的延展。通过分析同类建筑的规律，分析其功能、需求、构成要素和技术经济指标，归纳总结出结构基本型式、空间组合关系、立面构成逻辑、机电设备选型和内装部品组合，并做出合理的选择、定型、归类和规划，这一过程即为系列化设计。系列化设计包括模数协调系列、建筑标准系列，以及系列设计等内容。

装配式建筑的系列化设计与工业产品的系列化设计相比，内容更加宽泛，既可以是整体的系列化方式，也可以是部分的系列化方式。比如，保障性住房基于面积划分的套型系列，既包括住宅面积、空间、配套等的系列化，也包括机电设备、装饰装修等的系列化。许多房地产开发企业会界定不同的投资标准、建设标准和售价标准，制定不同的产品系列。

建筑系列化首先需要选择对建设对象起到主导作用的参数，如造价、性能、配置等，然后对这些参数进行分档、分级，确定合理的规格、形制和建设标准，以满足建设和使用的需要，并为指导用户选择提供依据，并用于指导设计、生产、施工和销售。系列化设计就是实现建筑系列化的设计过程。

4. 多样化设计

纵观建筑发展史，建筑多样化是人类的不同种群在多样化的自然环境中发展演变而形成。最早的"巢居"、"穴居"、"棚屋"、"干栏式房屋"等作为庇护所的建筑，均是人类的祖先利用其现有的生存条件，因地制宜发展起来的。人类生存环境的多样化，造就了古代建筑的多样化。以古希腊、古罗马、古代中国等为代表的经典建筑，就是这些地区受到气候、水文、地理、建材、资源环境等物理条件和种族、宗教、战争、灾害等历史条件的影响而产生的建筑多样化典范。

近现代以来，随着人类社会的发展进步，在工业化、信息化和互联网等的冲击下，以地球村为特点的全球化浪潮，削弱了人类文化的多样性。在此背景下，日益活跃的全球化建筑活动，形成了"国际式"、"千城一面"、"千篇一律"等与建筑多样化相对立的建筑现象。因此，建筑创作需要更加关注地域性、历史性、民族性、人文性的元素，在全球化浪潮中保持建筑的本土性和多样化。

在装配式建筑发展中，"多样化"与"标准化"是对立统一的矛盾体，既要坚持建筑标准化，又要做到建筑多样化，的确不易。梁思成先生在《千篇一律与千变万化》一文中的论述，比较清楚地说明了标准化和多样化的辩证关系，"在艺术创作中，往往有一个重复和变化的问题，只有重复而无变化，作品就必然单调枯燥；只有变化而无重复，就容易陷于散漫零乱"。在建筑创作中，标准化就像七个音符和各种音调，多样化就像用这些音符和音调谱成的乐章，既有标准和规律，又能做到千变万化。建筑标准化包括建筑功能多样化、空间多样化、风格多样化、平面多样化、组合多样化和布局多样化等（图2-1～图2-3）。

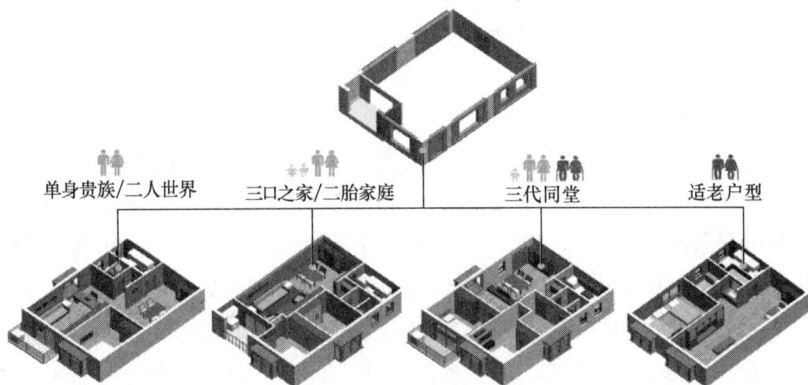

图 2-1　功能多样化和空间多样化示意图

图 2-2　立面风格多样化示意图

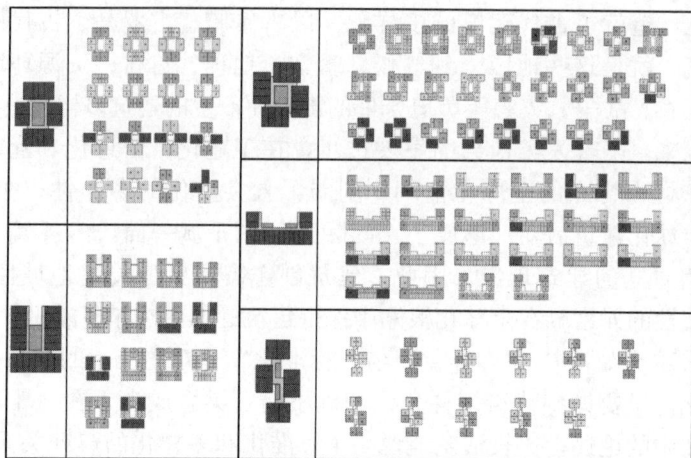

图 2-3　平面组合多样化示意图

2.2　装配式建筑设计流程

2.2.1　装配式建筑与一般建筑的区别

1. 一般建筑的设计流程

一般的建筑设计过程可以分为三个阶段——前期阶段、设计阶段和服务配合阶段。前期阶段主要是确认设计任务，一般以签订设计合同为标志，是本阶段的结束，同时也是设计阶段的开始。设计阶段一般分为方案设计、初步设计（或扩大初步设计）、施工图设计三个阶段，这个阶段以交付完成的施工图纸为标志。服务配合阶段一般指交付正式的施工图纸到竣工验收之间，配合工程招标、技术交底、确定样板、分部分项验收，直至竣工验收等一系列的设计延伸服务工作。因此，一般设计项目的流程可以以下简图表示（图 2-4）。

图 2-4　一般建筑项目设计流程图

在实际工作中，许多建筑项目被切割成多个不同的段落（图 2-5），不同的设计单位负责不同的任务。如果项目的管理者有很强的组织和统筹能力，这样的建筑项目往往能够取得不错的结果。但是，很多项目的统筹管理并不理想，结果管理的"碎片化"导致大量的冲突，重复工作、大量变更的情况比比皆是，项目超支、质量低下的情况也是普遍现象。

2. 装配式建筑设计流程

装配式建筑与一般建筑相比，在设计流程上多了两个环节——建筑技术策划

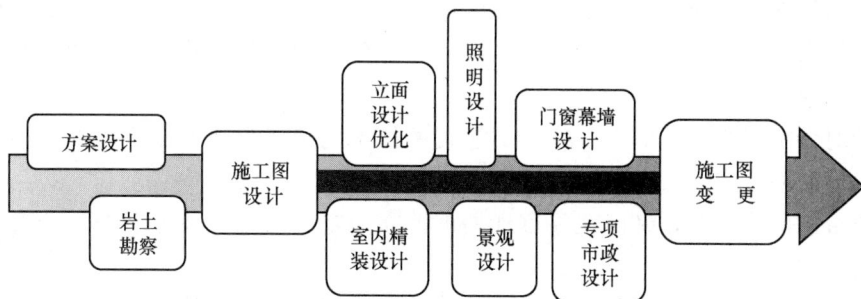

图 2-5 现行建筑项目设计管理碎片化图

和部品部件深化与加工设计（图 2-6）。

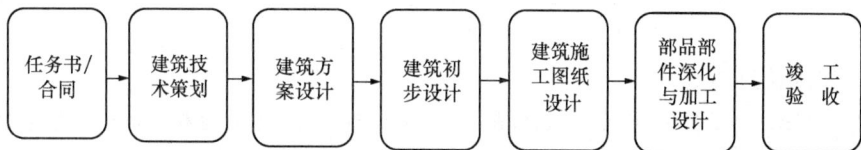

图 2-6 装配式建筑设计流程图

2.2.2 技术策划

技术策划是装配式建筑建造过程中必不可少的部分，也是与一般建筑设计项目相比差异最大的内容之一。以往的实践中，对此重视不足，或者就没有做技术策划，结果导致建设过程中出现许多问题难以解决。技术策划应当在设计的前期进行，主要是为了能够全面、系统地统筹规划设计、部件部品生产、施工安装和运营维护全过程，对装配式建筑的技术选型、经济可行性和施工安装的可行性进行评估，从而选择一个最优的方案，用于指导建造过程（图 2-7）。所以，技术策划可以说是装配式建筑的建设指南。

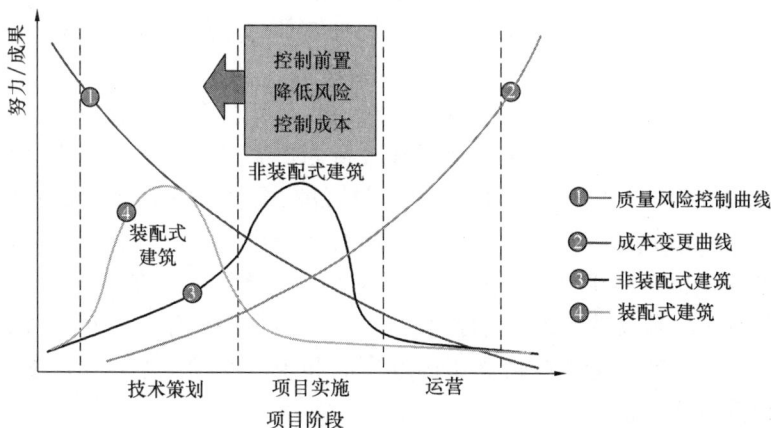

图 2-7 技术策划对风险、成本在不同阶段影响图

1. 技术策划总体目标

技术策划的总体目标是在满足工程项目的建筑功能、安全适用、经济合理和

美观的前提下，实现经济效益、环境效益和社会效益最大化。技术策划应以保障安全、提高质量、提升效率为原则，通过综合分析和比较，确定可行的技术配置和适宜的建设标准。

相对传统建造方式而言，装配式建筑的技术约束条件更多、更复杂，因此在项目启动前期做全面的技术策划十分必要。

项目前期技术策划最好在项目规划审批立项之前启动，在方案设计的过程中不断优化和完善。

全面协调的技术策划能够实现节约劳动力成本，缩短建造工期，提升建筑工程的质量、效率和效益的目的，切实发挥工业化建造的优势。因此，对于项目技术实施方案的经济性与合理性，生产组织和施工组织的计划性，设计、生产、运输、存放、施工等工序衔接的协同性，在前期技术策划过程中要全面系统地进行研究和评估，并制定完整的技术策划方案。

2. 技术策划主要内容

技术策划应对项目定位、技术路线、成本控制、效率目标等作出明确要求，对项目所在区域的构件生产供应能力、施工装配条件与能力、现场运输与吊装条件等方面进行技术评估，技术策划的具体内容主要包括：

（1）结构选型的合理性

一般来说，技术策划要首先满足建筑使用功能的要求，还要符合标准化设计的要求。结构选型是技术策划的最核心的内容之一，合理的结构选型对提高建筑的适用性和经济性非常重要。

以装配式混凝土结构为例，结构形式分为装配式框架结构、装配式剪力墙结构、装配式框架-剪力墙结构等。高层住宅建筑选用装配式剪力墙结构是当前最通行的做法，但也不是唯一的选择，可以根据项目需要选择框架或框剪结构。公共建筑多采用框架结构或框架-剪力墙结构。装配式混凝土建筑，应在技术合理、经济可行、提高效率的前提下，尽可能提高预制构件的比例，减少现浇工法的比例，降低施工过程中干湿两种施工工法造成的工种增加、工序繁琐的困难，充分发挥装配化施工的优势。

对装配式剪力墙结构的住宅，应优先采用水平构件预制，充分发挥厚板、大跨的优势，为住宅内部空间的灵活使用和改造创造条件。由于楼板、楼梯的荷载不会因建筑高度而变，生产工艺相对简单，具备标准化、通用化、系列化的优势，可以统一规格，形成标准图集，进行跨项目的社会化生产，有利于生产厂家有效利用空余产能，也有利于建设企业提高采购效率、降低采购成本。其次，采用预制剪力墙的住宅，应优先进行外墙预制，发挥预制外墙质量好、精度高、耐久性好的优势。同时，避免造成外墙施工出现预制和现浇两种工艺，工序复杂，互相干扰，难以降低成本。

（2）部品部件生产和运输的可行性

结构预制构件的体积和重量一般都比较大，因此，需要综合分析预制构件的种类，根据本地区的生产条件、生产规模、生产能力的实际情况，对预制构件的结构形式、几何尺寸、重量、连接方式等确定。

要综合考虑预制构件厂与项目的距离及运输条件，一般合理的运输半径在150～200km范围内，同时要充分考虑市政道路的运输条件，以及项目进出场地的便利条件。

（3）施工组织过程的计划与易建性

施工组织计划的制定，要充分考虑设计与施工的协调配合，科学组织安排施工流程，合理安排施工工期，保证各工序的穿插作业和有序衔接，提高施工效率。

主体结构施工方案的制定，要在保证结构安全的前提下，首先服从施工的便利性，充分考虑施工的易建性，优化结构的合理性。

要充分考虑施工现场具备构件临时存放场地和运输条件，确定预制构件现场堆放方案以及吊装作业的可行性。

（4）工程造价与项目整体效益的平衡

目前阶段，装配式建造方式与一般的现浇建造方式相比会产生一定的增量成本，这也是当前发展装配式建筑遇到的最大瓶颈和障碍。因此，如何全面科学地认识装配式建筑的增量成本和项目效益问题，对促进装配式建筑的发展非常重要。

装配式建筑的直接成本增加有其必然性。首先，由于社会和经济的全面发展，人工成本的不断上涨，长期来看，这是不可逆转的趋势，一些地区和企业近年来遭遇的用工荒是这个问题的写照。现浇方式的建筑安装成本也在逐年上涨，只是还没有到达与装配式建筑持平的交叉点。从我国东部一线城市的情况看，现在距交叉点的到来已经为时不远了，这也是为什么许多建设企业考虑转型升级的原因。其次，装配式建筑因为精度高、质量好，实际的建设标准比现浇建筑高，因此，造价的增加是质量提升的反映。最后，由于装配式混凝土建筑的结构构件是在工厂中生产的，与在现场施工的方式相比，构件要考虑脱模、养护、堆放、运输、安装等各种不同的工况，钢筋和混凝土的材料用量一定会比现浇施工的单一工况略有增加，另外生产环节的税费也是增量成本中的新增部分。综合以上因素，装配式建筑的建筑安装成本是不可能比现浇建筑更低的。

另一方面，从施工角度看，虽然装配式建筑在预制构件的生产和运输上产生了部分增量成本，但也要看到由于建筑质量好，使得现场人工、抹灰量、外脚手架、材料浪费等成本大大减少。这些"减量成本"，随着人工费用的增加，对抵销装配式建筑的一部分增量成本的作用也越来越大。

那么，是不是意味着装配式建筑工程造价高，项目的整体效益就差呢？评价项目的效益不能单看建筑安装成本，必须考虑资金的时间因素。装配式建筑的生产效率高、工期短，占用资金少，对提高项目效益具有更大作用。因此，装配式建筑提升项目效益的首要因素是缩短项目建设期，围绕着这一目标，通过标准化设计降低实施难度，做好项目的设计、生产、施工组织管理，提高协同效率，通过施工组织穿插提效，力争缩短建设周期，提高资金的利用效率，提升项目效益。

另外，评价项目的综合效益不仅要考虑建设期间的投入，还要考虑运营维护的支出和收益。从建筑全生命周期来看，如果将运营维护阶段的费用一起计算的话，建设阶段的费用仅占总支出的30%～40%。因此，通过提高建筑的耐久性，降低维修维护的费用具有重要的意义。装配式建筑在建设阶段的投入相对较大，但由于建造精度高，质量好，相比采用现浇工法的建筑，能够大大提高了建筑的耐久性。从这个角度来讲，装配式建筑更"省钱"。

因此，评估项目的经济性，不能只看到构件的增量成本，就片面地断言"装配式建筑成本高"，更应该重视装配式建筑带来的质量提升、寿命提高，应特别研究如何缩短工期，节约资金占用，降低资金成本。装配式建筑对提高项目综合效益的作用不是一般建筑所能做到的。

另外，在装配式建筑发展初期，建筑安装成本较高的一个重要原因是行业处于学习曲线的初期，企业还没有完全掌握技术，缺乏专业队伍和熟练工人，没有建立现代化企业管理模式。当行业有了一定规模，企业具备了这些能力，装配式建筑的综合效益一定会优于传统的建造方式。

2.2.3　部品部件深化设计

部品部件深化设计是装配式建筑设计独有的设计阶段，其主要作用是将建筑各系统的结构构件、内装部品、设备和管线部件以及外围护系统部件进行深化设计，完成能够指导工厂生产和施工安装的部品部件深化设计图纸和加工图纸。

目前国内外围护系统中的幕墙设计相对比较成熟，形成了以专业幕墙设计单位和幕墙生产厂家提供深化设计服务的格局；以湿法作业为主的传统装修也有相对成熟的设计服务。而结构构件的深化加工设计、装配式内装的深化设计、设备和管线装配化加工和安装的深化设计还处于起步阶段，尤其是结构构件的深化设计，具备此设计能力的设计单位不多，做得比较好的更少。这是制约装配式建筑发展的一个瓶颈。

部品部件和预制构件的深化设计，是装配式建筑设计区别于一般建筑设计，具有高度工业化特征，更加类似于工业产品的设计，因而具有独特的制造业特征。要想做好深化设计，必须了解部品部件和预制构件的加工工艺、生产流程、运输安装等各环节的要求。因此大力加强深化设计的能力、培养深化设计的专门人才是装配式建筑发展紧要的任务。

在部品部件深化设计之后，部品部件生产企业还应根据深化设计文件，进行生产加工的设计，主要根据生产和施工的要求，进行放样、预留、预埋等加工前的生产设计。

2.2.4　装配式建筑协同设计

与一般建筑的设计相比，装配式建筑设计涉及的专业更多，除了建筑、结构、给排水、暖通、电气五个专业外，还需要增加室内、幕墙、部品部件和造价等四个专业，进行同步协同设计（图 2-8）。

装配式建筑的设计应按照项目管理的理论，采用项目管理的工具和方法进行组织和协调。由于装配式建筑的部品部件主要在工厂生产，这就要求在生产之前部品部件的设计必须完成。而一旦启动了生产，临时的变更就会因为代价高昂而不具备可行性。因此，部品部件的设计成为生产之前最重要的一个制约因素。相反，一般的现浇建筑，只要还没有施工，更改就有可能。装配式建筑的不能随意

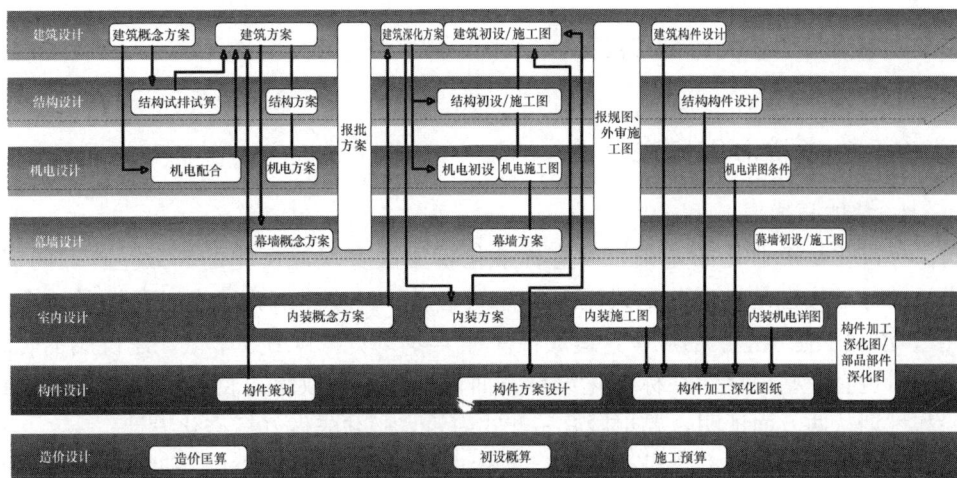

图 2-8　装配式建筑多专业协同设计流程图

更改的特点，恰恰是工业化生产的基本要求。因此，设计工作必须协同进行。

对于装配式混凝土建筑来说，预制混凝土构件受到设备管线预埋的制约，就要求在构件深化设计进行之前，室内装修的施工图设计应该完成。同样在主体结构上需要为外墙部件预留和预埋的连接件，也应在预制混凝土构件生产前做好设计，这就要求外墙的深化设计也要在结构构件的深化设计之前确定下来。一般来说，在建筑概念方案设计时，室内装修和外墙的设计工作就要开始启动；建筑初步设计开始前，室内装修方案应该确定。

装配式建筑设计组织可以利用专门的项目管理软件，将9个专业的工作流程进行协同管理。重点需要关注的是专业之间的互提条件接口，控制好这些关键点，装配式建筑的设计就会比较顺畅，反之，工作就很容易陷入"打乱仗"的状态（图2-9）。

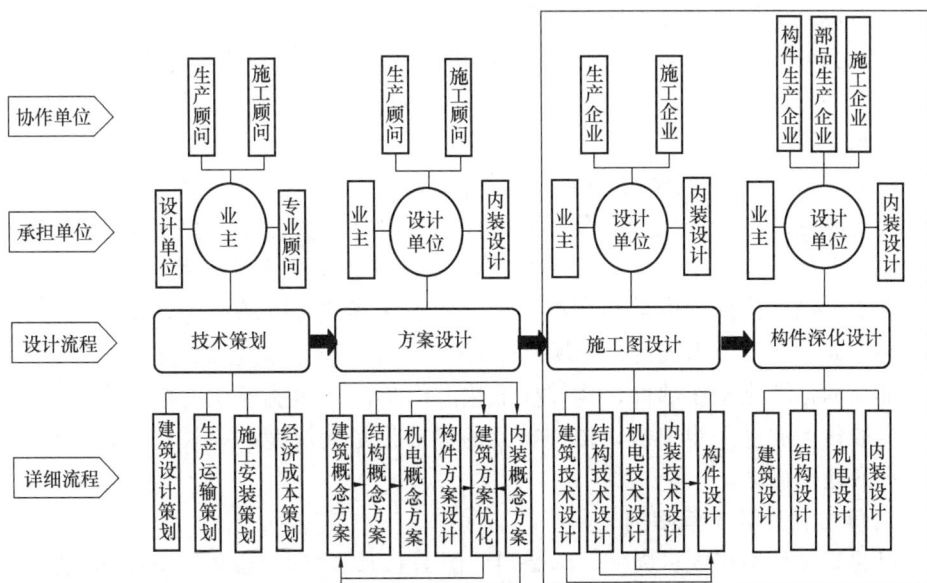

图 2-9　建筑设计不同阶段相关方的参与和作用框图

2.3　装配式建筑设计方法

2.3.1　标准化设计方法

1. 总体概述

标准化是工业化的基础，没有标准化就无法实现规模化的高效生产。同理，设计的标准化也是实现装配式建筑目标的起点。一些建筑为了追求所谓的"个性化"，漠视工业化生产的规律，造成构件种类多、模具利用效率低，建设成本居高不下；也有一些项目，在标准化设计方面做得很好，取得了良好的效益。这些经验和教训从两方面证明，要想做好装配式建筑，必须先做好标准化设计。

那么，什么是标准化设计呢？标准化设计是一个设计方法，即采用标准化的构件，形成标准化的模块，进而组合成标准化的楼栋，在构件、模块、楼栋等各个层面上进行不同的组合，形成多样化的建筑成品，这种具有工业化特征的建筑成品也可以叫作建筑产品。

标准化设计首先要坚持少规格、多组合的原则。少规格的目的是为了提高生产的效率，减少工程的复杂程度，降低管理的难度，降低模具的成本，为专业之间、企业之间的协作提供一个相对较好的基础。多组合是为了提升适应性，以少量的部品部件组合形成多样化的产品，以满足不同的使用需求。

2. 标准化设计方法

标准化设计可从以下三个层面进行。

（1）楼栋单元标准化。许多建筑具有相似或相同体量和功能，可以对建筑楼栋或组成楼栋的单元采用标准化的设计方式。住宅小区内的住宅楼、教学楼、宿舍、办公、酒店、公寓等建筑物，大多具有相同或相似的体量、功能，采用标准化设计可以大大提高设计的质量和效率，有利于规模化生产，合理控制建筑成本。

（2）功能模块标准化。许多建筑，如住宅、办公楼、公寓、酒店、学校等，建筑中许多房间的功能、尺度基本相同或相似，如住宅厨房、住宅卫生间、楼电梯交通核、教学楼内的盥洗间、酒店卫生间等，这些功能模块适合采用标准化设计。图 2-10 为住宅建筑模块化标准化设计示意图。

（3）部品部件标准化。部品部件的标准化设计主要是指采用标准的部件、构件产品，形成具有一定功能的建筑系统，如储藏系统、整体厨房、整体浴房、地板系统等。结构构件中的墙板、梁、柱、楼板、楼梯、隔墙板等，也可以做成标准化的产品，在工厂内进行批量规模化生产，应用于不同的建筑楼栋。

部品的标准化是在部件、构件标准化上的集成；功能模块的标准化是在部品部件标准化上的进一步集成，楼栋单元的标准化是大尺度的模块集成，适用于规模较大的建筑群体。

3. 标准化设计工程案例

以北京某公租房项目为例（图 2-11、图 2-12）。本项目提供了 5048 套公租房，经过标准化设计，楼栋种类减少到 2 种，其中 26 栋为 T6 型（图 2-13），10 栋为

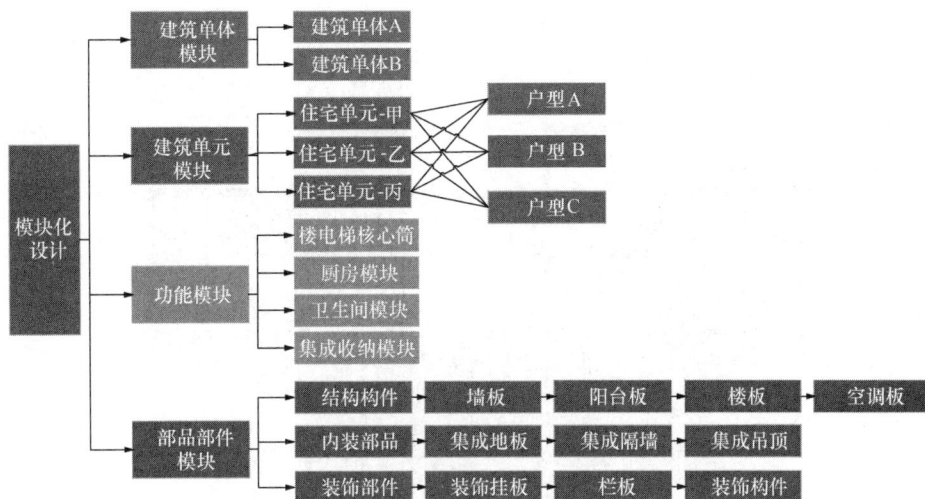

图 2-10 住宅建筑模块化标准化设计示意图

图 2-11 某公租房 B1 区建筑效果图

图 2-12 某公租房 D1 区建筑效果图

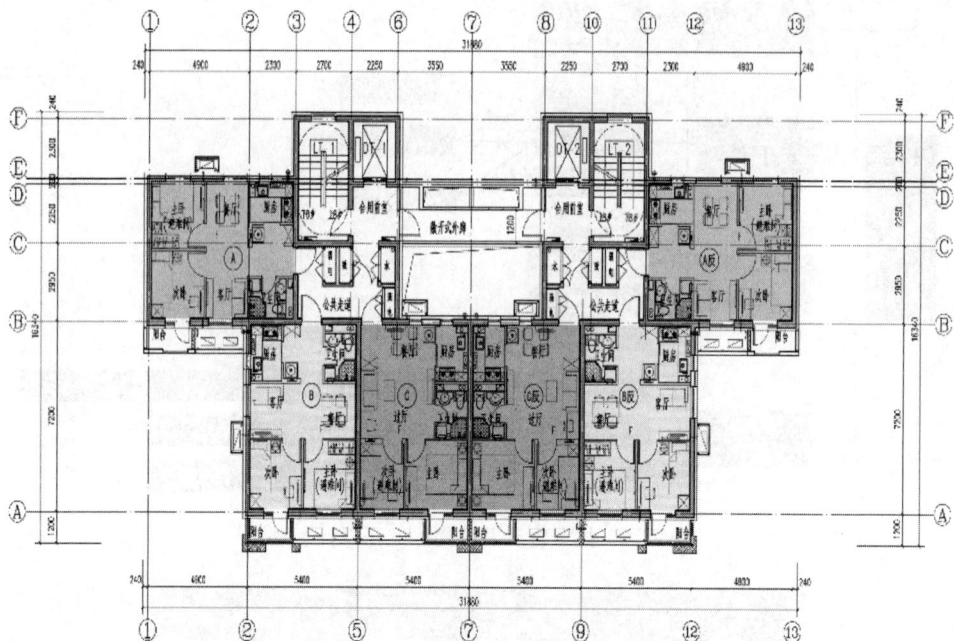

图 2-13　某公租房 T6 型平面

T7 型（图 2-14）；户型经过优化后减少到只有 A、B、C、D 共 4 种，其中 A、B、C 三种户型均为 60m²，户型外轮廓均为 5.4m×7.2m（图 2-15）。在功能模块的标准化设计上，将交通核心的种类减到两种；将厨房类型减少到两种，一种是 4430 套的燃气厨房，另一种是 628 套的电气厨房；卫生类型减到 1 种。这样通过提高标

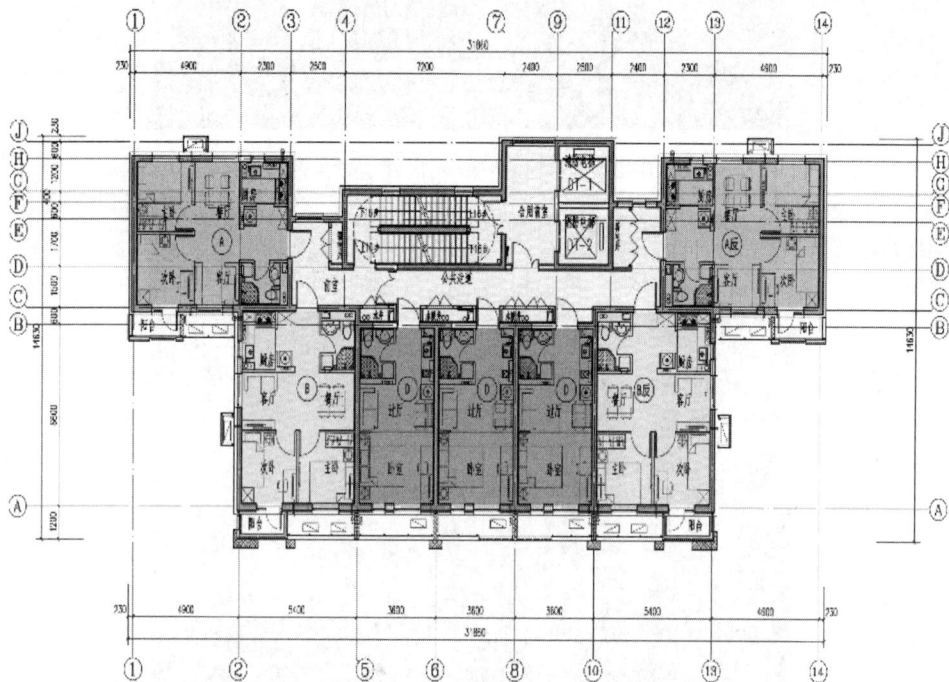

图 2-14　某公租房 T7 型平面

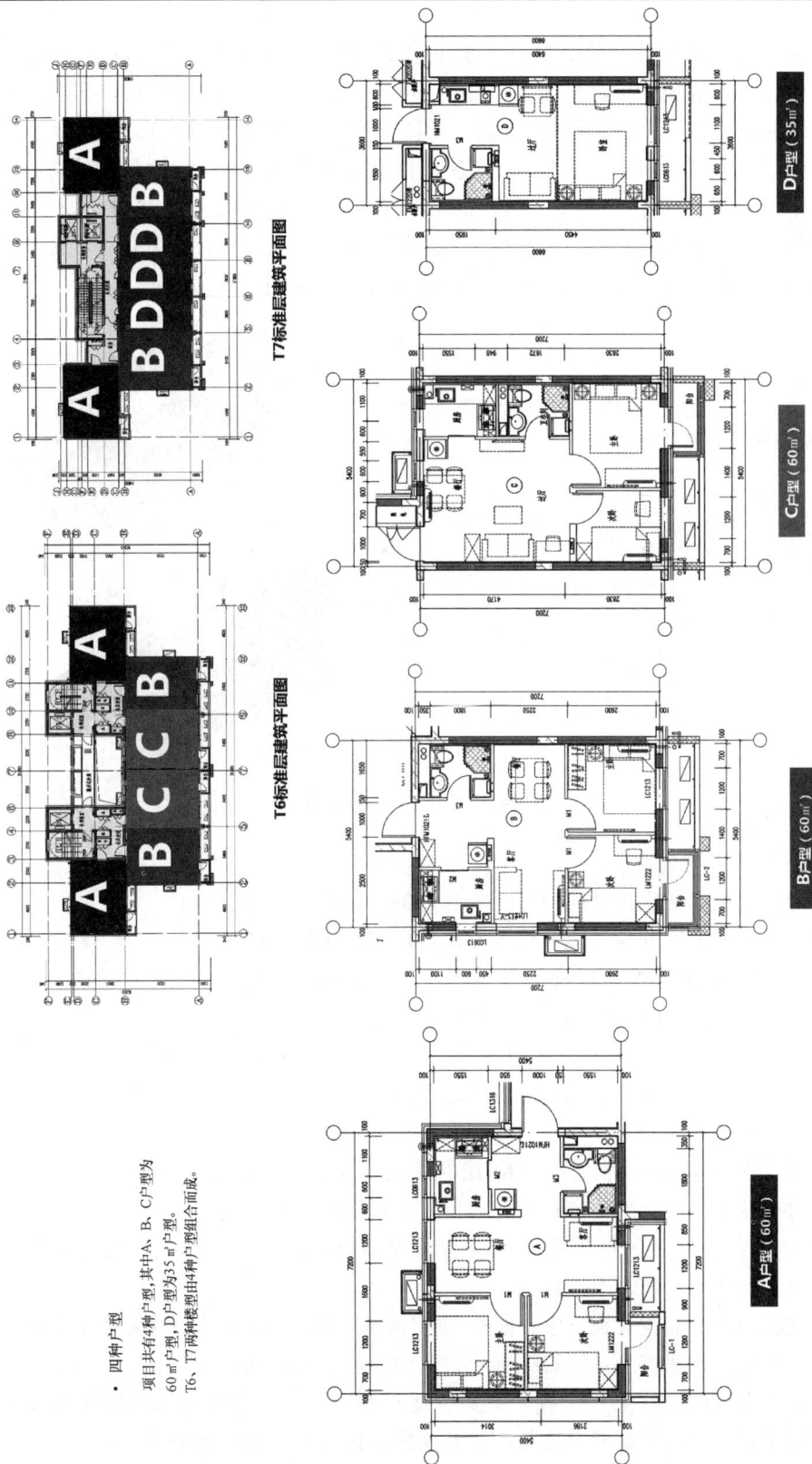

图 2-15 某公租房项目户型标准化设计

T7标准层建筑平面图

T6标准层建筑平面图

D户型（35㎡）

C户型（60㎡）

B户型（60㎡）

A户型（60㎡）

• 四种户型

项目共有4种户型,其中A、B、C户型为60㎡户型,D户型为35㎡户型。
T6、T7两种楼型由4种户型组合而成。

准化程度，大大提高了设计效率，减少了出错概率。另外，提高结构构件的标准化程度，将预制混凝土构件的种类控制在 40 种以内，提高模具的重复利用次数，其中重复利用次数最少的一种构件模具，其重复利用次数也不低于 135 次，大大地降低了模具的摊销费用（图 2-16）。一系列的标准化优化措施，为项目的综合效益提长奠定了良好的基础——这个项目的增量成本比其他类似项目有很大的下降，施工效率也有了很大的提高，标准层施工周期降到 5.5 天，不仅比其他的装配式混凝土建筑项目有优势，甚至比一般的现浇建筑的施工周期也有优势。

- 40 种构件类型

以 B1 地块 18 栋公租房为例，经统计，共有构件 40 种，包括预制外墙、预制内墙、叠合板、预制阳台板、预制空调板和预制楼梯 6 大类，构件总数达 17404 个。

单个构件复用次数最小已达 135 次。

构件类型	构件种类	构件总数	比例	单个构件复用次数
预制外墙	24	6450	37%	135~1236
预制内墙	3	2742	16%	618~1080
叠合板	4	4248	24%	486~1860
预制阳台板	2	728	4%	364
预制空调板	2	2346	13%	486~1860
预制楼梯	5	890	6%	162~202
总计	40	17404	100%	

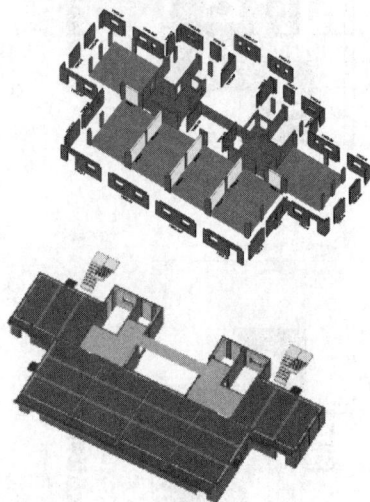

图 2-16　某公租房预制构件标准化

4. 标准化设计内容

装配式建筑标准化设计应贯穿工程建造的全过程、全系统：

（1）从工程设计的全过程看标准化设计内容，主要包括：

1）方案阶段的标准化设计应着重于建筑功能的标准化和功能模块的标准化，确定标准化的适用范围、内容、量化指标和实施方案；

2）初步设计阶段的标准化设计应着重于建筑单体或功能模块标准化，并就建筑结构、围护结构、室内装修和机电系统的标准化设计提出技术方案，并进行量化评估；

3）施工图阶段的标准化设计应着重优化建筑材料、做法、工艺、设备、管线，并对构件部品的标准化进行量化评价，并进行成本的优化；

4）构件部品加工的标准化设计应着重提高材料利用率、提高构件部品的质量、提高生产效率、控制生产成本；

5）施工装配的标准化设计应着重提高施工质量、提高施工效率、保障建筑安全。

（2）从装配式建筑全系统看标准化设计内容，主要包括：

标准化设计从建筑全系统看，主要包括平面、立面、构件和部品四个方面的标准化设计。其中，平面标准化是实现其他标准化的基础和前提条件。

1）建筑平面标准化：

建筑平面标准化的组合实现各种功能的户型。平面设计的标准化是通过平面划分，形成若干标准化的模块单元（简称标准模块），然后将标准模块组合成各种各样的建筑平面，以满足建筑的使用需求；最后通过多样化的模块组合，将若干标准平面组合成建筑楼栋，以满足规划和城市设计的要求。

2）建筑立面标准化：

建筑立面标准化通过组合实现立面多样化。建筑立面是由若干立面要素组成的多维集合，通过利用每个预制墙所特有的材料属性，通过层次和比例关系表达建筑立面的效果。装配式建筑的立面设计，要分析各个构成要素的关系，按照比例变化形成一定的秩序关系，一旦形成预期的秩序，立面的划分也就确定下来，建筑自然也就获得了自己的形式。在立面设计中，材料与构件的特性往往成为设计的出发点，也是建筑形式表达的重要手段。图2-17即为某装配式混凝土建筑施工过程中的建筑立面。

图 2-17 某装配式混凝土建筑施工过程中的建筑立面

装配式建筑的立面设计，可以选择几种不同尺寸的预制外墙标准构件，选择装饰混凝土、清水混凝土、涂料、面砖或石材反打等不同的工艺，进行排列组合，就能够形成千变万化的效果。预制阳台也是立面的重要元素，可以通过进深、面宽、空间位置的变化，提供多种选择。由于部品部件和构件和部品在工厂预制，一些个性化要求高或现场难以实现的构件，在工厂制作难度低、质量高，很容易满足建筑的个性化要求，建筑师完全可以将这样的一些构件进行个性化的创作，形成独特的效果，打破装配式建筑"千篇一律"的刻板印象，满足城市对建筑形式的多样化和个性化需求。

3）预制构件标准化：

装配式建筑的构件设计可以采用信息化手段进行分类和组合，建立构件系统库，对优化房屋的设计、生产、建造、维修、拆除、更新等流程，提高工程项目管理的效率大有帮助。构件分类系统库能够使建筑设计和建造流程变得更加标准化、理性化、科学化，减少各专业内部、专业之间因沟通不畅或沟通不及时导致的"错、漏、碰、缺"，提升工作效率和质量。

以标准构件为基础进行建筑设计，可以优化房屋的设计、生产、装配的生产流程，并使得整个工程项目管理更加高效。在方案修改过程中，替换相应的构件，构件之间的逻辑关系并不发生根本性的改变。在技术设计环节中，可以从构件分类系统库里选取真实的构件产品进行设计，可以大大提高设计准确性和效率。当构件分类系统库中的构件不能满足相应的建筑要求时，可以通过市场调研，和相关企业合作研发新构件，在通过相关专业规范验证和产品技术论证，存入构件分类系统库中，以备下次使用。在新构件研发之初，也会通过实际工程项目来验证其合理性。在施工环节中，由于构件分类系统库中的构件都是成熟的建筑产品，施工企业提取相应的技术图纸进行标准化的建造与装配。在生产环节中，生产单位按照相配套的技术图纸和产品说明书进行标准化的生产。在管理过程中，管理人员参照构件分类系统库里每个构件里相匹配的技术图纸和产品说明书来管理工程项目中的设计、建造、装配、生产环节。

4）建筑部品标准化：

建筑部品标准化实现了生产、施工高效便捷。建筑部品标准化要通过集成设计，用功能部品组合成若干"小模块"，再组合成更大的模块。小模块划分主要是以功能单一部品部件为原则，并以部品模数为基本单位，采用界面定位法确定装修完成后的净尺寸；部品、小模块、大模块以及结构整体间的尺寸协调通过"模数中断区"实现。在此原则基础上，采用部品标准化的设计方法，如图 2-18 和图 2-19所示。

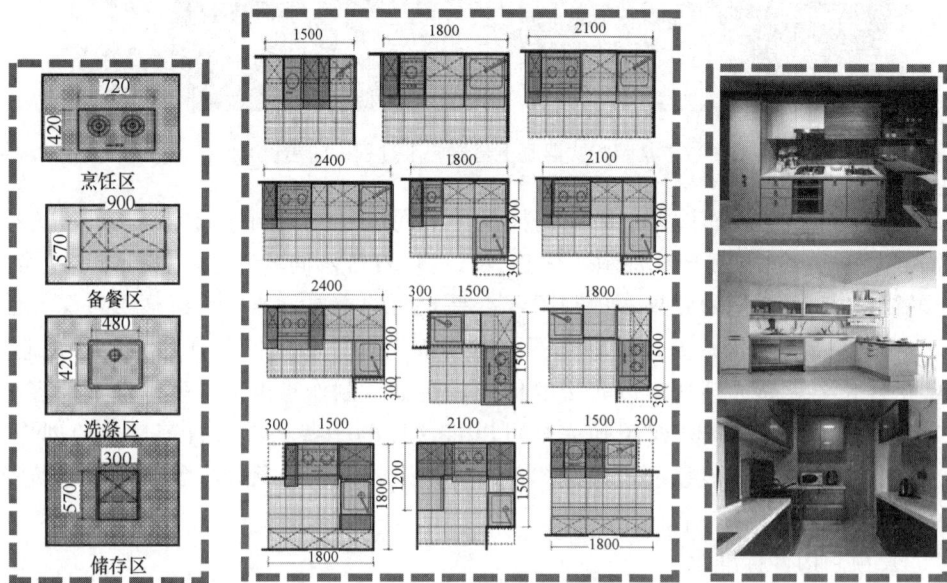

图 2-18　厨房模块系列图

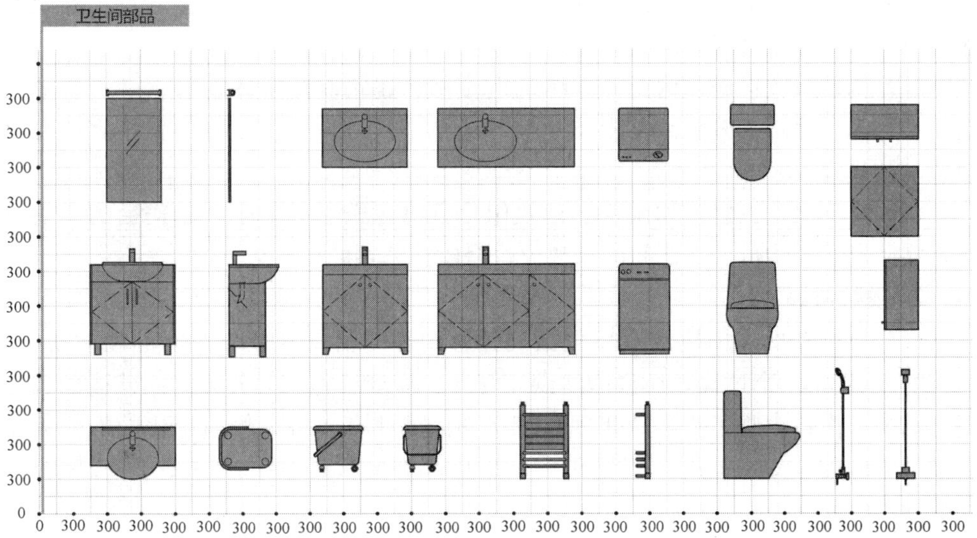

卫生间部品

图 2-19　卫生间部品模数系列图

2.3.2 模数与模数协调

模数和模数协调是建筑工业化的基础，用于建造过程的各个环节，在装配式建筑中显得尤其重要。没有模数和尺寸协调，就不可能实现标准化。建筑模数不仅用于协调结构构件与构件之间、建筑部品与部品之间以及预制构件与部品之间的尺寸关系，还有助于在预制构件的构成要素（如钢筋网、预埋管线、点位等）之间形成合理的空间关系，避免交叉和碰撞。通过模数协调可以优化部品部件的尺寸，使设计、制造、安装等环节的配合趋于简单、精确，使得土建、机电设备和装修的"一体化集成"和装修部品部件的工厂化制造成为可能。

1. 模数基本概念

为了使不同材料、不同形式和不同制作方法的建筑构配件、部品和组合件实现工业化大规模生产，具有一定的通用性和互换性，并作为设计、生产、施工的协调尺寸依据所规定的尺寸基数。

（1）基本模数：建筑模数协调统一标准中的基本数值，用 M 表示，$1M$ ＝100mm。

（2）扩大模数：它是导出模数的一种，其数值为基本模数的倍数。为了减少类型、统一规格，扩大模数一般按 $2M$、$3M$ 选用。

其中：水平扩大模数为 $3M$、$6M$、$12M$、$15M$、$30M$、$60M$ 等 6 个，其相应的尺寸分别为 300mm、600mm、1200mm、1500mm、3000mm、6000mm。

竖向扩大模数的基数为 $3M$、$6M$ 两个，其相应的尺寸为 300mm、600mm。

（3）分模数：它是导出模数的另一种，其数值为基本模数的分数倍。为了满足细小尺寸的需求，分模数选用 $M/2$(50mm)，$M/10$(10mm)，主要用于截面尺寸、缝隙尺寸和制品尺寸。

（4）标志尺寸：符合模数数列的规定，用以标注建筑物定位轴线之间的距离

（如开间、进深、柱距、跨度、层高等），以及建筑构配件、建筑组合件、建筑制品、有关设备位置界限之间的尺寸。

（5）构造尺寸：建筑构配件、建筑组合件、建筑制品等的设计尺寸。一般情况下，标志尺寸减去缝隙或加上支承尺寸为构造尺寸。缝隙尺寸的大小宜符合模数数列的规定。

（6）实际尺寸：建筑构配件、建筑组合件、建筑制品等生产制作后的实有尺寸，实际尺寸与构造尺寸之间的差数应符合建筑公差的规定。

2. 模数协调方法

模数协调是指应用模数及模数数列，达到生产活动各环节之间的尺寸协调。"协调"不仅是一个过程，还包括建设、管理、设计、施工等各方共同认同的尺寸定位结果。模数协调还有利于实现建筑部件的通用和互换，使通用化的部件可用于多个不同的建筑。同时，规格化、定型化部件的大批量生产有助于提高质量，降低成本。

装配式建筑要实现结构系统、外围护系统、内装系统、设备和管线系统的一体化，需要进行集成设计，集成设计的基础就是模数协调。不论是建筑的外围护系统还是内部空间，其界面大都处于二维模数网格中，简称平面网格。不同的空间界面按照装配部件的不同，采用不同参数的平面网格。平面网格之间通过平、立、剖面的二维模数整合成空间模数网格。主要的二维模数协调方法有：

（1）平面设计的模数协调。建筑的平面设计应采用基本模数或扩大模数，实现建筑主体结构和建筑内装修之间的整体协调，做到构件部品设计、生产和安装等相互尺寸协调。为降低构件和部品种类，便于设计、加工、装配的互相协调，楼板厚度的优先尺寸为 130mm、140mm、150mm、160mm、170mm、180mm，长度和宽度模数与开间、进深模数相关；内隔墙厚度优先为 100mm、150mm、200mm，高度与楼板的模数数列相关。

过去我国在平面设计上多采用 $3M$（300mm），设计的灵活性和建筑的多样化受到了较大的限制。目前为了适应建筑多样化的需求，增加设计的灵活性，多选择 $2M$（200mm）、$3M$（300mm）。但是在住宅的设计中，根据国内墙体的实际厚度，结合装配整体式住宅的特点，建议采用 $2M+3M$（或 $1M$、$2M$、$3M$）灵活组合的模数网格，以满足住宅建筑平面功能布局的灵活性及模数网格的协调。

（2）立面设计的模数协调。建筑沿高度方向的部件应进行模数协调，采用适宜的模数及优先尺寸。建筑物的高度、层高和门窗洞口的高度宜采用竖向模数或竖向模数扩大模数数列，且竖向扩大模数数列应选用 nM。部件优先尺寸的确定应符合层高和室内净高的优先尺寸系列宜为 nM 的规定。建筑沿高度方向的部件或分部件定位应根据不同条件确定基准面，同时建筑层高和室内净高宜满足模数层高和模数室内净高的要求。

立面高度的确定涉及预制构件及部品的规格尺寸，应在立面设计中认真贯彻建筑模数协调的原则，定出合理的设计参数，以保证建设过程中在功能、质量和经济效益方面获得优化。室内净高应以地面装修完成面与吊顶完成面为基准面来计算模数高度。为实现垂直方向的模数协调，达到可变、可改、可更新的目标，需要设计成符合模数要求的层高。

（3）部品部件的模数协调。所有的部品部件要集成为一个系统，离不开模数和模数协调。同时，通过模数协调，才能实现部品部件接口的标准化，实现其通用化和互换性。确定部品部件定位及尺寸协调的一般要求如下：

1）对于建筑主体结构宜采用中心线定位法。框架结构柱子间设置的分户墙和分室隔墙一般宜采用中心线定位法，当隔墙的一侧或两侧要求模数空间时宜采用界面定位法。

2）主体结构部件的水平定位宜采用中心定位方式，竖向定位方式宜采用界面定位法。

3）住宅厨房和卫生间的内装部品（厨具橱柜、洁具、固定家具）、公共建筑的家具式隔断空间、模块化吊顶空间等，宜采用界面定位方式，以净尺寸控制模数化空间，其他空间的部品可采用中心定位来控制。

4）门窗、栏杆、空调百叶等外围护部品，应采用模数化的工业产品，并与门窗洞口、预埋节点等的模数规则相协调，宜采用界面定位方式。

2.3.3 模块和模块组合

1. 模块基本概念

关于模块的定义有很多种，一般认为，模块是系统的组成部分，是具有某种确定功能和接口结构的通用独立单元。对于建筑而言，根据功能空间的不同，可以将建筑划分为不同的空间单元，再将相同属性的空间单元按照一定的逻辑组合在一起，形成建筑模块，单个模块或多个模块经过再组合，这就构成了完整的建筑。模块应具有以下特征：

（1）模块是工程的子系统。模块是构成系统的单元，也是一种能够独立存在的由一些零部件组装而成的部件单元。它不仅可以自成一个小系统，而且可以组合成一个大系统。模块还具备从一个系统中拆卸、分拆和更替的特点。如果一个单元不能够从系统中分离出来，那么它就不能称之为模块。

（2）模块是具有明确功能的单元。虽然模块是系统的组成部分，但并不意味着模块是对系统任意分割的产物。模块应该具有某种独特的、明确的功能，同时这一功能能够不依附于其他功能而相对独立的存在，也不会受到其他功能的影响而改变自身的功能属性。

（3）模块是建筑单元的一种标准化形式。模块与一般构件的区别在于模块的结构具有典型性、通用性和兼容性，并可以通过合理的组织构成系统。

（4）模块间具有通用性的接口，以便于构成系统。模块应该是具有能够传递功能、组成系统的接口。设计和制造模块的目的就是要用它来组织成为系统。系统是模块经过有机结合组织而构成的一个有序的整体，其间的各个模块应该既有相对独立的功能，彼此之间又具有一定的联系。

2. 模块组合方法

系统是由若干子系统和系统模块组成，模块组合的过程是一个解构及重构的过程。简言之就是将复杂的问题自上而下地逐步进行分解成简单的模块，被分解的模块又可以通过标准化接口进行动态整合重构成一个独立模块。被分解的模块具备以下的特征：

（1）独立性：模块可以单独进行设计、分析、优化等。

（2）可连接性：模块可以通过标准化接口进行相互联系，通过组织骨架的联系界面重新构建一个新的系统。接口的可连接性往往是通过逻辑定位来实现的，逻辑定位可以理解为模块的内部特征属性。

（3）系统性：模块是系统的一个组成部分，在系统中模块可以被替代、被剥离、被更新、被添加等操作，但是无论在什么情形下，模块与系统间仍然存在内在的逻辑联系。

（4）可延展性：模块可以根据需要不断扩充子模块的数量及功能，可以形成一个模块的数据库并不断进行更新和管理。通用的模块不断被延展扩充，是解决工业化定制生产的重要前提。

模块及模块组合中，还存在模数协调的问题，现代意义上的模数协调工作是各行各业生产活动中最基本的技术工作，遵循模数协调原则，全面实现尺寸配合，可保证在住宅建设过程中，在功能、质量和经济效益方面获得优化，促使住宅建设从粗放型生产转化为集约型的社会化协作生产。模块是复杂产品标准化的高级形式，无论是组合式的单元模块还是结构模块都贯穿一个基本原则，就是用型式和型式尺寸数目很少且又经济合理的统一化单元模块，组合成大量具有各种不同性能的、复杂的非标准综合体，这一原则称为模块化原则。为了实现模块间的组合，保证模块组成的产品在尺寸上的协调，必须建立一套模数系统对产品的主尺度、性能参数以及模块化的外形尺寸进行约束，这就是建筑中的模数协调。

2.3.4 系统集成设计方法

建筑系统包括结构系统、外围护系统、内装系统、设备与管线系统等四个部分，装配式建筑就是将以上四大系统进行高度集成的建造方式。系统集成应根据材料特点、制造工法、运输能力、吊装能力的要求等内容进行统筹考虑，提高集成度、施工精度及施工效率，降低现场吊装的难度。装配式建筑的系统集成设计应遵循以下原则：

1. 结构系统集成设计原则

（1）集成设计过程中，部件宜尽可能的对多种功能进行复合，尽量减少各种部件规格及数量；

（2）应对构件的生产、运输、存放、吊装规格及重量等过程中所提出的要求进行深入考虑。

2. 外围护系统的集成设计原则

（1）屋面、女儿墙、外墙板、外门窗、幕墙、阳台板、空调板、遮阳等部件均需进行模块化设计；

（2）构件间应选用合理有效的构造措施进行连接，提高构件在使用周期内抗震、防火、防渗漏、保温及隔声耐久各方面的性能要求；

（3）应优先选择集成度高并且构件种类少的装配式外墙系统；

（4）建筑外门窗的窗框或附框，宜在墙板生产过程中一同安装，以提高框料和墙板之间的密实度，增强门窗的气密性，避免出现渗漏和冷热桥的情况，同时副框应选用与主体结构相同的使用年限的产品。

3. 内装系统的集成设计原则

（1）建筑及设备管线同步进行设计；

（2）采用管与线分离的安装方式；

（3）采用高度集成化的厨房、卫生间及收纳等建筑部品。

4. 设备与管线系统的集成设计原则

（1）统筹给排水、通风、空调、燃气、电气及智能化设备设计；

（2）选用模块化产品，标准化接口，并应预留可扩展的条件；

（3）接口设计应考虑设备安装的误差，提供调整的可能性。

5. 接口及构造设计原则

（1）主体结构构件、内装部品及设备管线相互之间应采用有效的连接方式，重点解决构造上的防水排水设计；

（2）各类部品的接口应确保其连接的安全可靠，保证结构的耐久性和安全性；

（3）当主体结构及围护结构之间采用干式连接时，宜预留缝宽的尺寸进行相关变形的校核计算，确保接缝宽度满足结构和温度变形的要求；当采用湿式连接时，应考虑接缝处的变形协调；

（4）接口构造设计应便于施工安装及后期的运营维护，并应充分考虑生产和施工误差对安装产生的不利影响以确定合理的公差设计值，构造节点设计应考虑部件更换的便捷性；

（5）设备管线及相关点位接口不应设置在构件边缘钢筋密集的范围，且不宜布置在预制墙板的门窗过梁处及构件与主体结构的锚固部位。

2.3.5 一体化协同设计方法

装配式建筑协同设计应从包括建筑设计、生产营造、运营维护等各个阶段的建筑全寿命期进行考虑。协同设计是指在项目的各个设计阶段，应充分考虑装配式建筑的设计流程特点及项目技术经济条件，对建筑、结构、机电设备及室内装修进行统一考虑，利用信息化技术手段实现各专业间的协同配合，保证室内装修设计、建筑结构、机电设备及管线、生产、施工形成有机结合的完整系统，实现装配式建筑的各项技术要求。为方便理解和操作，按阶段归纳协同设计要点如下：

1. 方案设计阶段协同设计要点

建筑、结构、设备、装修等各专业在设计前期即应密切配合，对构配件制作的经济性、设计是否标准化以及吊装操作可实施性等作出相关的可行性研究。

在保证使用功能的前提下，平面设计要最大限度地提高模块的重复使用率，减少部品部件种类。立面设计要利用预制墙板的排列组合，充分利用装配式建造的技术特点，形成立面的独特性和多样性。在各专业协同的过程中，使建筑设计符合模数化、标准化、系列化的原则，既满足功能使用的要求，又实现装配式建筑技术策划确定的目标。

2. 初步设计阶段协同设计

初步设计阶段，对各专业的工作做进一步的优化和深化，确定建筑的外立面方案及预制墙板的设计方案，结合预制方案调整最终的立面效果，以及在预制墙板上考虑强弱电箱、预埋管线及开关点位的位置。装修设计需要提供详细的家具设施布置图，用于配合预制构件的深化。初步设计阶段要提供预制方案的"经济性评估"，分析方案的可实施性，并确定最终的技术路线。

（1）初步设计阶段的设计协同工作要点

1）根据前期方案阶段的技术策划，满足国家和地方的相关政策和标准，确定最终的装配化指标；

2）在总图设计中，充分考虑构件运输、存放、吊装等因素对场地设计的影响；

3）结合塔吊的实际吊装能力、运输能力的限制等多方面因素，对预制构件尺寸进行优化调整；

4）从生产可行性、生产效率、运输效率等多方面对预制构件进行优化调整；

5）从安装的安全性和施工的便捷性等多方面对预制构件进行优化调整；

6）从单元标准化、套型标准化、构件标准化等多方面对预制构件进行优化调整；

7）结合结构选型方案确定外墙选用的装配方案，从反打面砖、反打石材、预喷涂料等做法中确定预制外墙饰面的做法；

8）结合节能设计，确定外墙保温做法；

9）从建筑与结构两个专业的角度对连接节点的结构、防水、防火、隔声、节能等各方面的性能进行分析和研究；

10）通过优化和深化，实现预制构件和连接节点的标准化设计；

11）结合设备和内装设计，确定强弱电箱、预埋管线及开关点位的预留位置。

（2）施工图阶段协同设计要点

施工图阶段，按照初步设计确定的技术路线进行深化设计，各专业与构件的上下游厂商加强配合，做好深化设计，完成最终的预制构件的设计图，做好构件上的预留预埋和连接节点设计，同时增加构件尺寸控制图、墙板编号索引图和连接节点构造详图等与构件设计相关的图纸，并配合结构专业做好预制构件结构配筋设计，确保预制构件最终的图纸与建筑图纸保持一致。施工图设计阶段的协同设计要点如下：

1）预制外墙板宜采用耐久、不易污染的装饰材料，且需考虑后期的维护。

2）预制外墙板选用的节能保温材料应便于就地取材，满足保温隔热要求。

3）与门窗厂家配合，对预制外墙板上门窗的安装方式和防水、防渗漏措施进行设计。

4）现浇段剪力墙长度除满足结构计算要求外，还应符合模板施工工艺和轻质隔墙板的模数要求。

5）根据内装和设备管线图，确定预制构件中预埋管线和预留洞等的位置。

6）对管线较集中的部位进行管线综合设计，同时根据内装施工图纸对整体机电设备管线进行设计，并在预制构件深化设计中预留预埋。

7）对预埋的设备及管道安装所需要的支吊架或预埋件进行定位，支吊架应耐久可靠；支架间距应符合设备及管道安装的要求。穿越预制板、墙体和梁的管道应预留洞口或套管。

（3）构件深化协同设计

预制构件的深化设计是装配式建筑独有的设计阶段，应在施工图完成之后或与施工图同步进行深化设计。设计时，不仅需要建筑、结构、机电、内装等专业之间的协同，也需要与生产加工企业、施工安装企业进行协同。构件深化设计需要注意的要点有：

1）建筑、机电专业应提供预制构件上应预留的给水排水管洞，排风洞，燃气管洞、空调洞、排烟洞等洞口的准确定位及尺寸。

2）机电专业宜尽量将电盒预留在现浇混凝土位置，预留在预制构件上的电盒应准确定位。机电管线穿过预制构件时，应预留孔洞。

3）预制构件中应预留建筑外挂板所需的预埋件。

4）构件加工及施工过程中需要的吊装、安装、支撑、爬架等预埋件应进行预留预埋。

（4）室内装修协同设计

装配式建筑的内装设计应符合建筑、装修及部品一体化的设计要求。部品设计应能满足国家现行的安全、经济、节能、环保标准等方面的相关要求，应高度集成化，宜采用干法施工。装配式建筑内装修的主要构配件宜采用工厂化生产，非标准部分的构配件可在现场安装时统一处理。构配件须满足制造工厂化及安装装配化的要求，符合参数优化、公差配合和接口技术等相关技术要求，提高构件可替代性和通用性。

内装设计应强化与各专业（包括建筑、结构、设备、电气等专业）之间的衔接，对水、暖、电、气等设备设施进行定位，避免后期装修对结构的破坏和重复工作，提前确定所有点位的定位和规格，提倡采用管线与结构分离的方式进行内装设计（图2-20）。内装设计通过模数协调使各构件和部品与主体结构之间能够紧密结合，提前预留接口，便于装修安装。墙、地

图 2-20　装配式内装管线与结构分离图

面所用块材提前进行加工，现场无需二次加工，直接安装。

2.4 建筑设计要点及深度要求

装配式建筑是采用工厂生产的部品部件在工地装配而成的建筑，其建造方式必然要求采用与之相适应的建筑设计方法，以及与之相适应的设计要点及深度。

2.4.1 装配式建筑设计要点

装配式建筑设计要点概括为以下方面：

1. 建筑方案设计要考虑全面系统

方案设计要结合工程特点和实际，确定不同的技术路线，为后续的设计工作提供设计依据。在方案设计阶段中要注重以下问题：

（1）技术的系统性：结合工程实际合理确定建筑结构的预制构件类型，相互间要形成完整的建筑系统。

（2）适宜的装配率：方案设计要为主体结构尽可能采用装配化创造条件，并选择适宜的装配化指标（装配率或预制率），要保证工程项目从根本上改变传统建造方式和施工组织形式。

（3）坚持少规格、多组合的原则：比如采用模数协调的方法，使现浇节点的规格尺寸统一化，以减少定型模板和组合模板的规格数量，提高质量，缩短工期（图 2-21）。

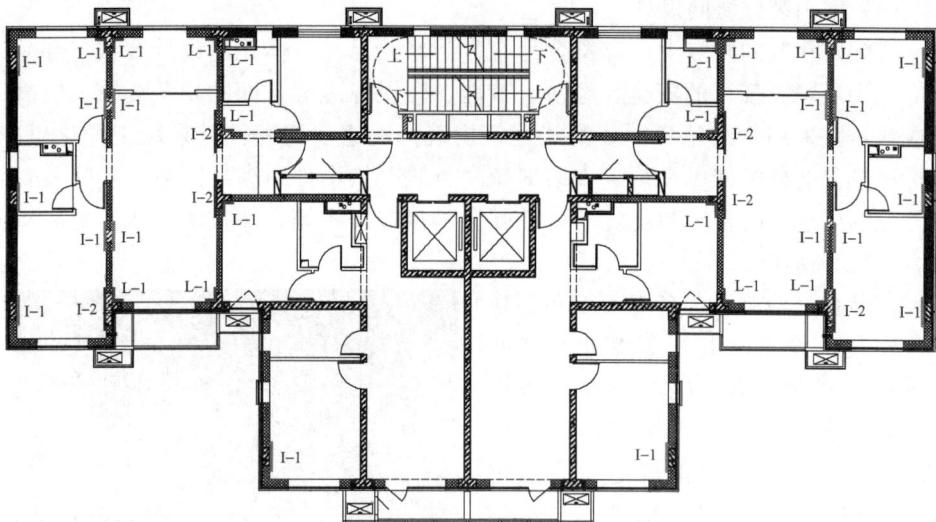

图 2-21 少规格、多组合示例图

2. 建筑立面设计要体现工业化的美感

装配式建筑作为建筑工业化建造方式，在建筑立面设计上需要转变传统立面设计手法，深入研究装配化建造技术的表现形式，设计思想回归到"技术理性"，充分运用主体结构装配化的特点和优势，突出主体结构的唯美，体现以"工程师的艺术"为美，如图 2-22、图 2-23 所示。

3. 总平面设计要考虑运输和吊装条件

在装配式工业化建筑的规划设计中，构件运输、存放和吊装是需要特别关注的重要方面，要有适宜构件运输的交通条件，要考虑预制构件的现场临时存放条件，要考虑预制构件吊装设施的安全、经济和合理布置等。

4. 建筑设计要尽可能大空间、结构连续

装配式住宅建筑宜选用大空间的平面布局方式，合理布置承重墙及管井位置，满足住宅空间的灵活性、可变性。主体结构布置宜简单、规整，应考虑承重墙体上下对应贯通，突出与挑出部分不宜过大，平面凸凹变化不宜过多过深。

图 2-22　装配式建筑外立面效果图

图 2-23　装配式建筑立面细节图

5. 预制外墙设计要遵循以下原则

（1）综合立面表现形式的需要，应结合结构现浇节点及装饰挂板，合理设计外墙组合方式。

（2）注重经济性，通过模数化、标准化、通用化减少板型，节约造价。

（3）预制构件的大小要考虑工程的合理性、经济性、运输的可能性和现场的吊装能力。

6. 建筑节点设计要满足构造要求

装配式剪力墙结构的设计关键在于连接节点的构造设计。建筑预制外墙板的水平缝、垂直缝及十字缝等接缝部位、门窗洞口等构配件组装部位的构造设计及材料的选用，应满足建筑的物理性能、力学性能、耐久性能及装饰性能的要求。预制构件的各类节点设计应构造合理、施工方便、坚固耐久，并结合制作及施工条件进行综合考虑。防水材料主要采用发泡芯棒与密封胶。防水构造主要采用结构自防水＋构造防水＋材料防水。建筑外墙的接缝及门窗洞口等防水薄弱部位设计应采用材料防水和构造防水结合做法。以北京地区常见的装配式剪力墙结构为例，装配式建筑的防水节点构造如图 2-24～图 2-26 所示。

7. 外墙饰面设计要与预制构件制作相结合

预制外墙板的饰面宜采用装饰混凝土、涂料、面砖、石材等耐久、不易污染的材料，考虑外立面分格、饰面颜色与材料质感等细部设计要求，并体现装配式

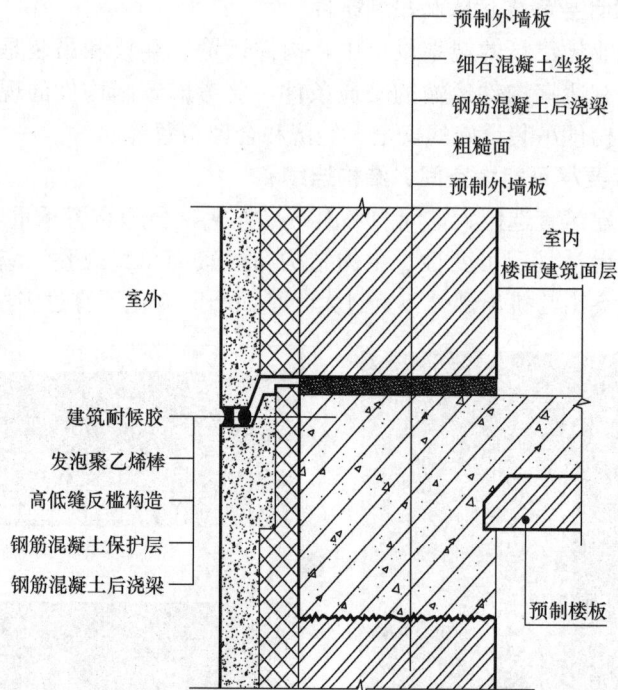

图 2-24　装配式剪力墙结构外墙防水节点示意图

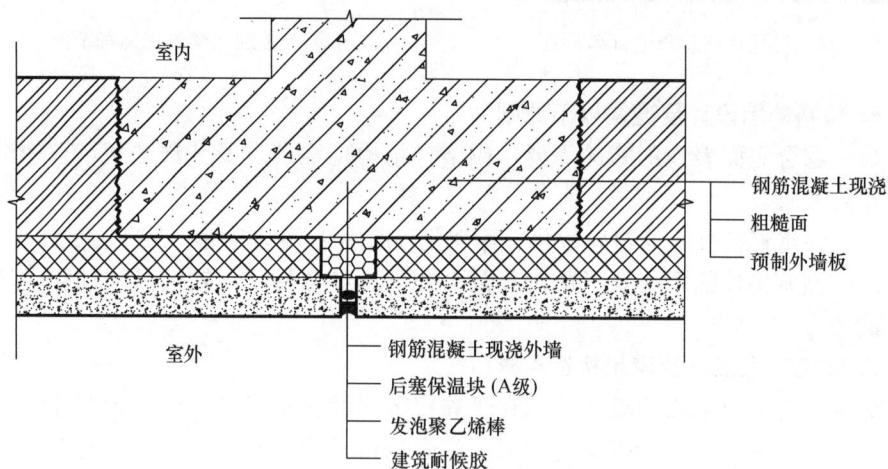

图 2-25　装配式剪力墙结构外墙防水节点示意图

建筑立面造型的特点。建筑外墙装饰构件宜结合外墙板整体设计，应注意独立的装饰构件与外墙板连接处的构造，满足安全、防水及热工设计等的要求。预制外墙的面砖或石材饰面宜在构件厂采用反打或其他工厂预制工艺完成，不宜采用后贴面砖、后挂石材的工艺和方法。预制外墙使用装饰混凝土饰面时，设计人员应在构件生产前先确认构件样品的表面颜色、质感、图案等要求。如图 2-27 所示。

8. 室内装修设计要与建筑主体一体化设计

室内装修设计要与建筑设计同步进行，与建筑、结构、机电、设备实现一体

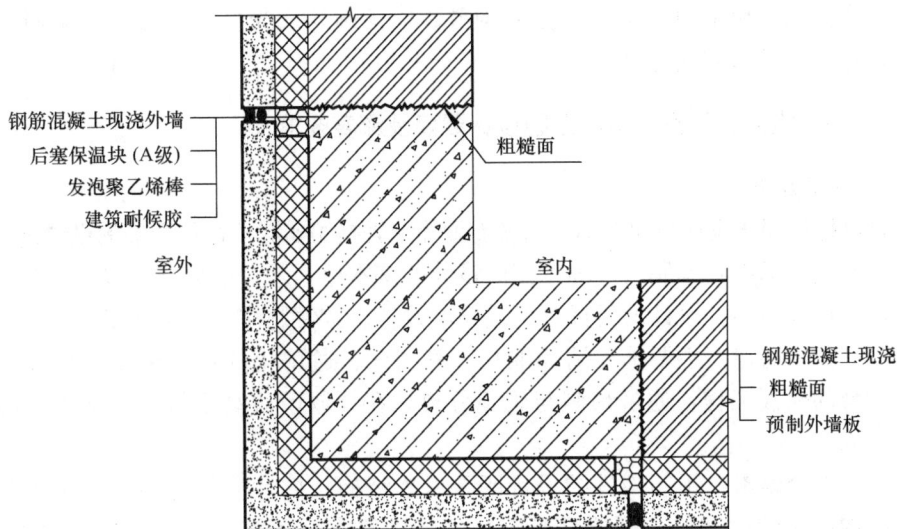

图 2-26 装配式剪力墙结构外墙防水节点示意图

化装修设计。要采用一体化的集成技术，通过技术集成，建立装配式建筑技术与部品的标准化、系列化、配套化，实现内装部品、厨卫部品、设备部品和智能化部品的集成系统。

2.4.2 建筑方案设计深度要求

1. 装配式建筑的方案设计

方案设计应包括设计说明书、方案设计图纸两大部分。其中设计说明书应包括装配式建筑设计专篇，项目装配式设计要求如装配式结构体系、实施的装配式技术、实施装配式的建筑面积、预制率、装配率等。

2. 方案设计图纸深度要求

方案设计图应包括：采用装配式技术的拟建建筑图示及注明，建筑平面图应表达预制墙

图 2-27 三明治外墙的瓷板反打效果图

板的组合关系，包括构件组合图、各类预制构件组合分析图等。

2.4.3 施工图设计要点及深度要求

（1）在总平面设计中，需要标识出采用装配式的建筑。

（2）平面中注明预制构件位置，并标注构件截面尺寸及其与轴线关系尺寸；预制构件与主体结构现浇部分的平面构造做法。

（3）立面图中表达立面外轮廓及主要结构和建筑构造部件的位置，预制构件板块划分的立面分缝线、装饰缝和饰面做法；竖向预制构件范围。

（4）剖面图要包含竖向预制构件范围，当为预制构件时，应采用不同图例示

意；应在详图中用不同图例注明预制构件；当预制外墙为反打面砖或石材时，应明确表达铺贴排布方式等要求。

2.4.4　构件深化设计与加工图设计要点及深度要求

1. 一般要求

预制构件深化设计与加工图是将各专业需求转换为实际可操作图纸的设计过程。

（1）设计原则：预制构件加工图的设计的基本原则是"少类型、多组合"。

（2）设计目标：设计的目标主要是精准设计、方便制作、利于施工。

（3）技术特点：主要是采用标准化、系列化、通用化的预制混凝土构件，将原来大量的模板工程，通过预制与施工分离，在预制阶段高质量、高精度、高效率地完成。

（4）综合因素：预制构件的设计既要考虑结构整体性能的合理性，还要考虑构件结构性能的适宜性；既要满足结构性能的要求，还需满足试用功能的需求；既要符合设计规范的规定，还要符合生产、安装、施工的要求；既要受单一构件尺寸公差和质量缺陷的控制，还要与相邻构件进行协调。同时，构件设计时还需考虑材料、环境、部品集成、构件运输、构件堆放等多种因素。

2. 图纸表达内容与要点

（1）图纸表达：构件加工图一般需要表达内容有：项目名称、设计单位、设计编号、设计阶段、授权盖章、设计日期、图纸目录、设计说明、平面布置图、数量统计表、模板详图、配筋详图、通用节点详图、其他图纸、设计计算书等。

（2）图纸目录：预制构件加工图图纸目录，一般按图纸序号排列，并体现预制构件的相关参数。预制构件加工图设计说明包含工程概括、设计依据、图纸说明、设计构造、材料要求、生产技术要求、堆放与运输要求、现场施工要求、构件连接要求等。

（3）图纸内容：预制构件加工平面布置图，要体现预制构件的平面位置；预制构件加工数量统计表，用于统计各种预制构件的数量；预制构件加工模板详图，用于表达预制构件的外形尺寸；预制构件加工配筋详图，说明预制构件的结构配筋；预制构件加工通用节点详图，阐述预制构件的各种构造节点。预制构件加工其他图纸包括装饰面材料排布图、保温材料排版图、拉结件排布图、填充块排布图等。预制构件加工图设计计算书要能够说明预制构件设计的各种计算过程等。

3. 设计深度要求

（1）预制构件设计条件要求：预制构件的深化设计应自前期策划阶段就开始介入。在设计中应充分考虑运输、安装等条件对预制构件的限制，这些限制条件往往影响到预制构件的尺寸、重量及构造形式。具体内容包括：

1）桥梁等级限制了通行车辆的满载吨位。自构件生产厂到项目施工现场的运输路线上存在桥梁时，必须了解该桥梁的设计等级，以便规划预制构件的最大设计重量。

2）桥梁、隧道及其他道路上空的构筑物对通行高度的限制要求。自构件生产厂到项目施工现场的运输路线上存在桥梁、隧道及地下通道等有通行高度限制的地方,必须了解其最低净高限值,以便规划预制构件的最大设计高度。

3)了解道路通行、河道通航对预制构件的宽度限制条件,以便规划单个预制构件的最大设计宽度。

4)了解运输车辆的规格,机动性、路口拐弯半径及相关交通法规,以便规划单个预制构件的最大设计长度。

5)预制构件需要临时堆放的,需要了解场地的存放条件。

(2)预制构件设计标准化要求:在预制构件深化设计中,标准化设计是核心。预制构件标准化是进行工业化生产的基础,预制构件和建筑部品的重复使用率是项目标准化程度的重要指标。在装配式建筑中,以平面设计的标准化、模块化为前提,其标准化设计主要由以下三个方面组成:

1)减少构件种类:预制构件的种类应尽可能地少,既可以降低构件制造的难度,又易于实现大批量的生产及控制成本的目标。在标准层的户型中,基于系列化理念进行设计,减少同一种功能类型构件的种类数,提高预制构件的通用性,设计完成后,通过预制构件的组合与置换满足多种户型的需求。

2)优化模具数量:模具的数量应尽可能减少,提升使用周转率,确保预制构件生产过程中的高效性,降低模具成本。每增加一种类型的模具,将会增加模具的成本,还会增加构件生产所需的人工成本。同时模具类型增多会降低预制构件的生产效率。

3)结构单元及连接节点标准化:建筑结构单元的标准化设计包括:组成 PC 剪力墙构件的承重及非承重部分。标准结构单元的设计是在进行构件拆分的过程中确保 PC 构件标准化的重要手段。通过标准节点与非标准部分的组合,来实现预制构件的通用性与多样性。

学 习 与 思 考

1. 如何理解装配式建筑系统设计理念?应遵循的主要原则?
2. 装配式建筑与一般建筑的设计流程有什么区别?
3. 装配式建筑的技术策划包含哪些内容?
4. 标准化设计在装配式建筑设计中的重要性?
5. 一体化设计的主要内容与方法?

第3章 装配式建筑结构

装配式建筑结构所包含的结构类型，主要按照材料的不同，分为装配式混凝土结构、装配式钢结构、木结构和各种组合结构。

3.1 装配式混凝土结构

3.1.1 概述

装配式混凝土结构指由预制混凝土构件通过各种可靠的连接方式装配而成的混凝土结构，包括装配整体式混凝土结构和全装配混凝土结构。其中，装配整体式混凝土结构是由预制混凝土构件通过后浇混凝土、水泥基灌浆料等可靠连接方式形成整体的装配式结构，而全装配混凝土结构是由预制混凝土构件通过连接部件、螺栓等方式装配而成的混凝土结构。作为混凝土结构的一种，装配式混凝土结构的建造工艺有别于现浇混凝土结构，但对其设计仍需满足国家现行标准《混凝土结构设计规范》GB 50010 的基本要求，此外，尚需注意采取有效措施加强结构的整体性，并确保连接节点和接缝构造可靠、受力明确，且结构的整体计算模型应根据连接节点和接缝的构造方式及性能确定。由于我国属于多地震国家，对螺栓、焊接等"干式"连接节点的研究尚不充分，对于高层建筑的应用以装配整体式混凝土结构为主，包括装配整体式混凝土框架结构、装配整体式混凝土剪力墙结构、装配整体式框架—现浇剪力墙结构和装配整体式框架—现浇筒体结构等结构类型。装配整体式混凝土结构的可靠性、耐久性和整体性等性能要求等同现浇混凝土结构，也称为"等同现浇"的设计方法。

装配整体式混凝土结构中，结构预制构件有叠合板、叠合梁、预制柱、预制剪力墙、预制楼梯和预制阳台等，非结构构件则有预制外挂墙板、预制填充墙、预制女儿墙和预制空调板等。预制构件设计时，需要遵循少规格、多组合的原则。预制构件的连接部位一般设置在结构受力较小的部位，其尺寸和形状的确定原则主要有：应满足建筑使用功能、模数、标准化的要求，并应进行优化设计；应根据预制构件的功能、安装和制作及施工精度等要求，确定合理的公差；应满足制作、运输、堆放、安装及质量控制要求。预制构件的设计计算包括持久设计状况、地震设计状况和短暂设计状况。其中，对持久设计状况，主要对预制构件进行承载力、变形、裂缝控制验算；对地震设计状况，需对预制构件进行承载力验算；对制作、运输、堆放、安装等短暂设计状况下的预制构件验算，应符合国家现行标准《混凝土结构工程施工规范》GB 50666 和《装配式混凝土结构技术规程》JGJ 1 的有关规定。此外，叠合梁、叠合板等水平叠合受弯构件，需按照施工现场支撑布置的具体情况，进行整体计算或二阶段受力验算。

国内目前广泛应用的装配整体式的混凝土结构，其连接节点的构造具有以下主要特点：连接节点区域钢筋构造与现浇混凝土结构的要求一致，都需要满足混凝土结构的基本要求；连接节点区域的混凝土后浇部分或纵向受力钢筋采用灌浆套筒连接、浆锚搭接连接等连接方式；结构设计遵循"强接缝弱构件"的原则；一般采用叠合式楼盖系统，以加强楼盖整体刚度。其中，钢筋套筒灌浆连接是装配整体式混凝土结构中竖向构件的主要连接方式之一，系指在预制混凝土构件内预埋的金属套筒中插入钢筋并灌注水泥基灌浆料而实现的钢筋连接方式，将在本书第4章和第5章有详细的介绍。另外，在装配整体式混凝土结构设计和施工时，尚应注意不能机械化地照搬现浇混凝土结构的构造措施，应充分考虑对装配结构的特点，并形成与之相适应的现场施工组织管理模式。

我国在装配式混凝土结构的设计、制作、施工和验收等方面已形成相对完善的标准规范体系，可有效指导装配式混凝土结构的建造。装配式混凝土结构相关的国家现行技术标准有《装配混凝土建筑技术标准》GB/T 51231、《装配式混凝土结构技术规程》JGJ 1、《混凝土结构设计规范》GB 50010、《混凝土结构工程施工规范》GB 50666、《建筑抗震设计规范》GB 50011、《混凝土结构工程施工质量验收规范》GB 50204、《钢筋套筒灌浆连接技术规程》JGJ 355 以及《高层建筑混凝土结构技术规程》JGJ 3 等。

3.1.2 装配式混凝土楼盖

1. 技术概述

装配整体式混凝土结构的楼盖宜采用叠合楼盖，包括叠合梁和叠合板。预制混凝土叠合梁、板系指，预制底板、预制梁作为楼盖的一部分配置底部钢筋，在施工阶段作为后浇混凝土叠合层的模板承受荷载，与后浇混凝土叠合层形成整体的混凝土构件。其中，预制底板按照受力钢筋种类可以分为预制混凝土底板和预制预应力混凝土底板。桁架钢筋混凝土底板（图 3-1a）是目前最为流行的预制混凝土底板，对于大跨度楼盖，还会采用预应力混凝土空心板（图 3-1b）、预应力混凝土双 T 板（图 3-1c）。

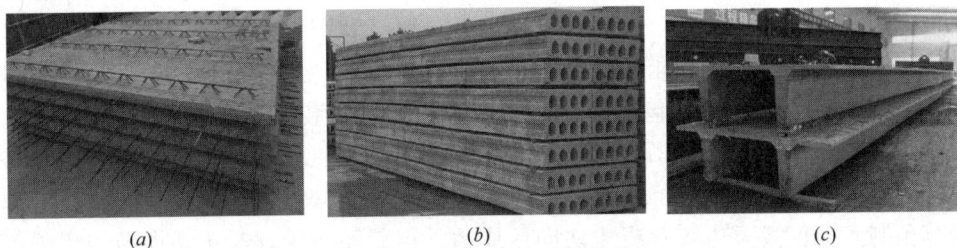

图 3-1 部分预制混凝土底板

(a) 桁架钢筋预制板；(b) 预应力空心板；(c) 预应力双 T 板

2. 技术内容

（1）叠合受弯构件的受力机理

叠合受弯构件的特点是两阶段成形，两阶段受力，其受力机理与施工工艺有很大关联性。当施工阶段设有可靠支撑时，预制构件在叠合层后浇混凝土的重量和施工荷载下，不至于发生影响内力的变形，叠合受弯构件受力机理与整体受弯构件基本相同。当施工阶段无支撑时，预制构件承受叠合层后浇混凝土重量和施工荷载作用，在未形成叠合构件之前受力钢筋已经产生了拉应力且预制构件受压区产生了压应力；这使得受拉钢筋中的应力比假定用叠合构件全截面承担同样荷载时大，即发生了"受拉钢筋应力超前"现象；同时当预制构件受压区处于叠合构件受拉区时，叠合构件受力时还会抵消预制构件原有压应力，形成混凝土应变滞后效应。因此施工阶段无支撑时，叠合构件应考虑两阶段受力的性能。

（2）结合面

叠合楼板由预制底板和后浇混凝土叠合层两部分共同组成，其结合面是薄弱环节，因此如何保证结合面的受力性能是保证预制底板和后浇混凝土两部分共同受力的关键。《混凝土结构设计规范》GB 50010—2010（2015 年版）、《装配式混凝土结构技术规程》JGJ 1—2014 规定预制底板与后浇混凝土叠合层之间的结合面应设置粗糙面，粗糙面的面积不宜小于结合面的 80%，粗糙面凹凸深度不应小于4mm。粗糙面可采用冲刷露出骨料、拉毛等做法。

（3）预制底板选型

跨度不大于 3m 的叠合板，可采用平板式预制普通钢筋底板；跨度不大于 6m 的叠合板，宜采用桁架钢筋混凝土预制底板，也可采用平板式预应力混凝土底板；跨度大于 6m 的叠合板，宜采用预应力混凝土预制底板，如预制带肋底板、空心板、双 T 板等。板厚大于 180mm 的叠合板，宜采用减轻自重的措施，采用预应力混凝土空心板底板，或在后浇混凝土叠合层内设置轻质填充材料形成叠合式混凝土空心楼盖。

3. 技术指标

叠合楼盖由预制底板和上部后浇混凝土叠合层组成，两阶段成形，两阶段受力，其预制底板应对制作、运输、堆放、吊装等短暂设计状况进行预制构件验算，叠合楼盖应对持久设计状况进行承载力、变形、裂缝控制验算，尚应通过合理的构造措施保证楼盖的整体性。

预制底板厚度不宜小于 60mm，后浇混凝土叠合层厚度不应小于 60mm。预制底板作为叠合板的一部分，其配筋应满足持久设计状况下承载能力极限状态、正常使用极限状态的设计要求。除此之外，尚应对生产、施工过程短暂设计状况进行设计，主要考虑的工况包括脱模、堆放、运输、吊装、混凝土叠合层浇筑等；应按《混凝土结构工程施工规范》GB 50666—2011 第 9.2 节选取相应的等效荷载标准值，并根据各工况下预制底板的吊点、临时支撑等设置情况简化受力模型，验算预制底板正截面边缘混凝土法向压应力、正截面边缘混凝土法向拉应力或开裂截面处受拉钢筋应力。

桁架钢筋混凝土预制底板中桁架钢筋应由专用焊接机械加工，腹杆钢筋与上、下弦钢筋的焊接采用电阻点焊；桁架钢筋应沿短暂设计状况的主要受力方向布置；桁架钢筋距板边距离不应大于 300mm，间距不宜大于 600mm；桁架钢筋弦杆钢筋直径不宜小于 8mm，腹杆钢筋直径不宜小于 4mm，且弦杆混凝土保护层厚度不应小于 15mm，如图 3-2 所示。

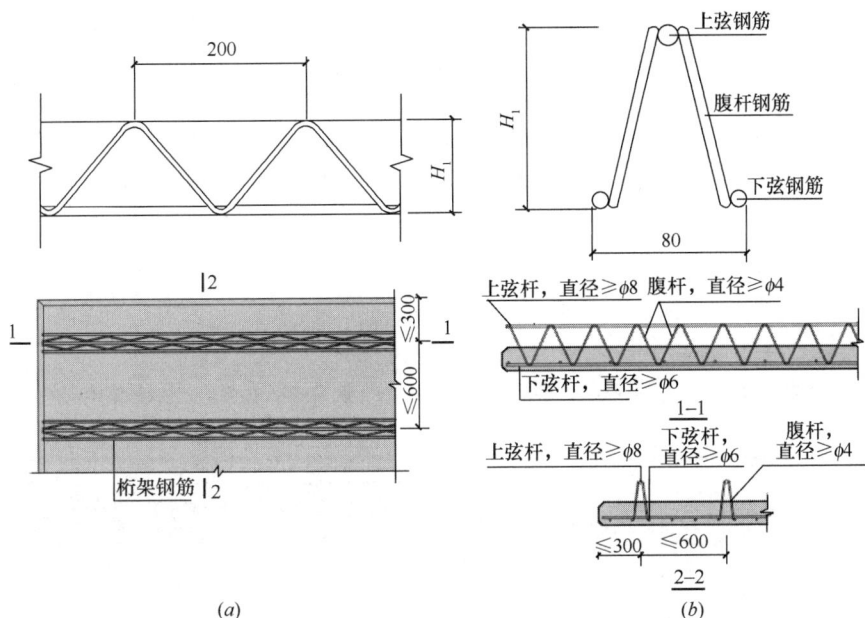

图 3-2　桁架钢筋混凝土预制底板图

(a) 桁架钢筋示意图；(b) 桁架钢筋布置及构造要求

(1) 叠合楼盖设计：

1) 叠合板的设计计算方法

设置可靠支撑的叠合板，预制底板在后浇混凝土重量及施工荷载下，不至于发生影响内力的变形，按整体受弯构件设计计算。无支撑的叠合板，二次成形浇筑混凝土的重量及施工荷载影响了构件的内力和变形，应按二阶段受力的叠合构件进行设计计算。

2) 叠合楼板受力计算

叠合楼板根据预制底板接缝构造、支座构造以及楼板长宽比不同可分为单向受力和双向受力两种情况。按单向受力板设计时，预制底板之间采用分离式接缝，见图 3-3 (a)，这种接缝做法主要传递剪力，弯矩传递能力差；按双向受力板设计时，预制底板之间采用整体式接缝，见图 3-3 (b)，这种接缝做法应实现钢筋的连续受力，可传递弯矩、剪力和轴力，当板跨较小时，也可采用无接缝的做法，见图 3-3 (c)。

(2) 预制底板接缝连接构造设计

板侧分离式接缝仅考虑传递剪力，不考虑传递弯矩的作用，用于单向受力的叠合板，主要协调板缝两侧预制底板的变形，保证接缝处不发生剪切破坏，且控制接缝处裂缝的开展。板侧整体式接缝可实现钢筋与混凝土的连续受力，用于双向受力的叠合板，接缝宜设置在受力较小处。板侧整体式接缝可采用后浇带的形式，后浇带宽度不宜小于 200mm，后浇带两侧板底纵向受力钢筋可采用搭接方式连接（图 3-4），也可采用密拼的方式连接。

(3) 叠合板支座构造设计

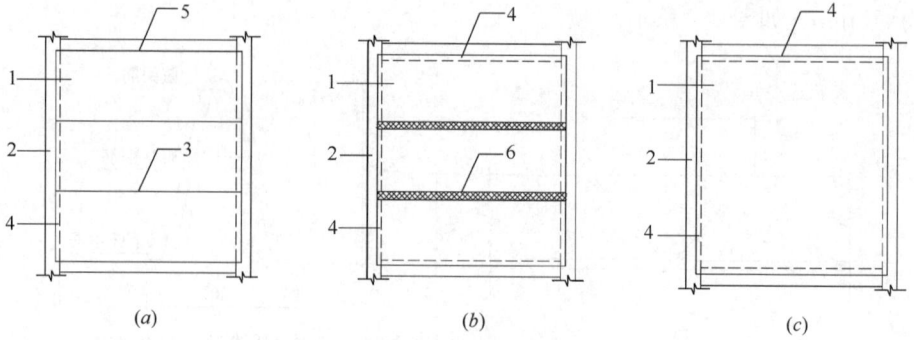

图 3-3 预制底板布置示意图

(a) 单向叠合板；(b) 整体接缝双向板；(c) 无接缝双向板

1—预制叠合板；2—梁或墙；3—板侧分离式接缝；4—板端；5—板侧；6—板侧整体式接缝

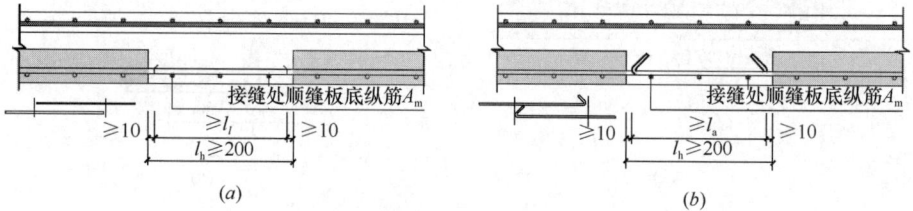

图 3-4 后浇带形式整体式接缝图

(a) 板底纵向受力钢筋直接搭接；(b) 板底纵向受力钢筋末端带 135°弯钩连接

叠合板支座处上部纵向钢筋构造根据支座支承情况设置，与现浇混凝土板上部钢筋一致的。预制底板纵向钢筋可伸入支座，也可选择不出筋。当预制板板底伸入支座锚固时，其构造要求同现浇板。对于桁架钢筋混凝土叠合板，当后浇混凝土叠合层厚度不小于 100mm 且不小于预制底板厚度的 1.5 倍时，支座处预制底板内纵向受力钢筋可采用间接搭接方式锚入支座后浇混凝土中（图 3-5）。

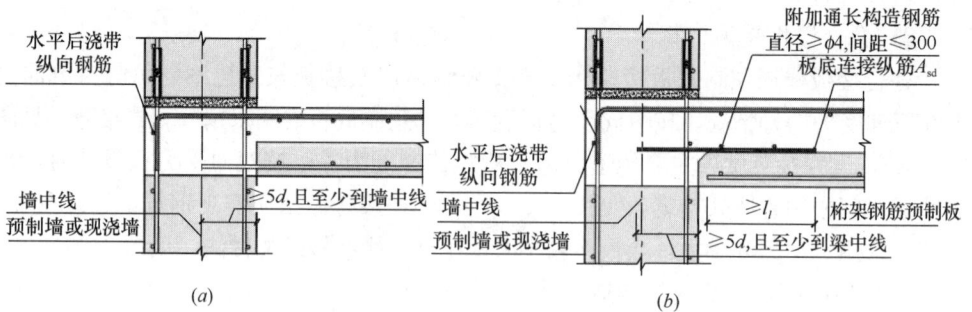

图 3-5 单向板板端支座、双向板板端和板侧支座

(a) 预制底板设外伸钢筋；(b) 通过附加钢筋连接

3.1.3 装配整体式混凝土框架结构

1. 技术概述

装配整体式混凝土框架结构（简称装配式框架结构）指全部或部分框架梁、

柱采用预制构件建成的装配整体式混凝土结构，主要用于学校、办公、物流、仓储等公共建筑，在大跨度居住建筑中也有应用。根据框架节点连接方式的不同，装配整体式框架主要包括框架节点后浇混凝土和框架节点预制两大类。框架节点为后浇混凝土的连接方式，其主要技术特点是：预制构件为一字形，预制柱竖向受力钢筋主要采用套筒灌浆连接，梁采用预制叠合梁，在梁柱节点处的钢筋构造与现浇框架结构的要求相同，通过后浇混凝土连接，实现节点设计强接缝、弱构件的原则，使装配整体式混凝土结构的整体性、稳定性和延性等结构性能等同现浇混凝土结构，如图 3-6 所示。另外，工程中也有采用多层节段柱的情况，也称"莲藕柱"，即在节点处柱的钢筋是连续的，而框架梁底纵向钢筋则通过搭接进行连接，如图 3-7 所示。

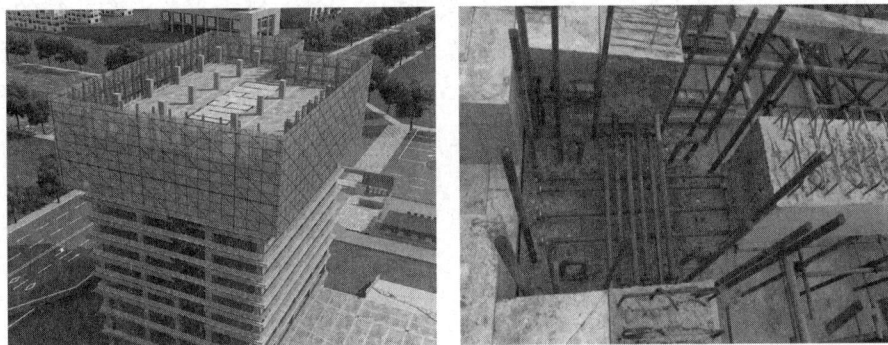

图 3-6　框架节点后浇的装配整体式框架图

图 3-7　多层节段柱的装配整体式框架图

框架节点为预制方式，其主要技术特点是：预制构件有十字形、T 形、一字形等，连接节点位于框架柱、梁中部，预制柱、梁受力钢筋采用套筒灌浆连接，在梁、柱的连接节点处通过后浇混凝土的连接，形成整体的装配式结构。由于该种连接方式的预制构件为多维构件，框架节点在工厂制作，质量可控，但预制框架节点制作、运输、现场安装难度较大，施工技术要求高，现阶段工程较少采用。

2. 一般要求

装配式框架结构的设计应符合国家现行标准《混凝土结构设计规范》GB 50010、《装配式混凝土建筑技术标准》GB/T 51231 和《装配式混凝土结构技术规程》JGJ 1 等的相关规定。如果房屋层数为 10 层及 10 层以上或者高度大于 28m，尚应符合现行行业标准《高层建筑混凝土结构技术规程》JGJ 3 的有关规定。对于采用预应力技术的框架，尚应符合现行行业标准《预制预应力混凝土装配整体式框架结构技术规程》JGJ 224 的有关规定。当采取了可靠的节点连接方式和合理构造措施后，装配式框架结构可按现浇混凝土框架的结构进行设计。装配整体式框架结构中，预制柱水平缝处不宜出现拉力，高层装配式框架结构宜设置地下室并采用现浇混凝土且首层柱宜采用现浇混凝土。

3. 结构分析

装配整体式框架结构可采用与现浇混凝土框架结构相同的方法进行结构分析，其承载力极限状态及正常使用极限状态的作用效应分析可采用弹性分析方法。对于采用螺栓、焊接等干连接的装配式框架结构的分析，需根据节点和接缝的受力特性进行节点和接缝的模拟。按弹性方法计算的风荷载或多遇地震标准值作用下的楼层层间最大水平位移与层高之比 $\Delta u/h$ 不宜大于 1/550。在结构内力与位移计算时，对现浇楼盖和叠合楼盖，均可假定楼盖在自身平面内为无限刚性。

4. 构件设计

装配式框架结构中的构件类型包括框架柱、梁、楼板、外挂墙板以及楼梯等。

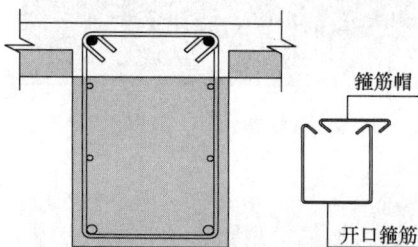

图 3-8　采用组合封闭箍筋的叠合梁

其中，当采用叠合梁时，框架梁的后浇混凝土叠合层厚度不宜小于 150mm，次梁的后浇混凝土叠合层厚度不宜小于 120mm。对于框架叠合梁的箍筋，抗震等级为一、二级的叠合框架梁的梁端箍筋加密区宜采用整体封闭箍筋，其他情况下的框架叠合梁和次梁的箍筋可采用图 3-8 所示的组合封闭箍筋形式。组合封闭箍筋可使梁面纵向钢筋可由上往下放置，提高钢筋安装效率。此外，预制楼梯也是常用的预制构件。预制楼梯与支承构件之间宜采用简支连接。预制楼梯一端设置固定铰，另一端设置滑动铰，其转动及滑动变形能力应满足结构层间位移的要求。

5. 连接设计

装配式框架结构中预制构件的连接是通过后浇混凝土、灌浆料和坐浆材料、钢筋及连接件等实现预制构件间的接缝以及预制构件与现浇混凝土之间结合面的连续，满足设计需要的内力传递和变形协调能力以及其他结构性能要求。装配式框架结构常见的连接包括框架柱的竖向连接、框架梁的水平连接以及叠合梁（板）结合面与后浇混凝土连接等。

钢筋连接以及锚固是连接设计的重要内容。节点和接缝处的纵向钢筋连接宜根据接头受力、施工工艺等要求选用机械连接、套筒灌浆连接、浆锚搭接连接、焊接连接、绑扎搭接连接等连接方式，并应符合国家现行有关标准。其中，套筒灌浆连接是预制构件竖向连接主要形式。另一方面，预制构件与后浇混凝土结合面应根据现行行业标准《装配式混凝土结构技术规程》JGJ 1 的要求设置粗糙面或键槽（图 3-9）。

图 3-9 预制柱底粗糙面与预制梁端面键槽

装配混凝土框架的连接节点在设计时应考虑装配式结构的特点（图 3-10）。例如：

（1）梁、柱宜居中布置，预制柱的纵筋可集中布置在四个角上，这样可以使得梁、柱纵筋免于碰撞，且梁底纵筋的保护层厚度比较大，可以适当减小其锚固长度；

（2）梁底纵筋在设计时应考虑其可能的碰撞，可以采用水平错开避让或竖向错开避让，当采用竖向错开避让时，应注意构件的安装顺序；

（3）应注意构件安装与节点钢筋安装的协调，在安装梁之前，应先安装节点第一道箍筋，为了使节点的箍筋能顺利安装，梁腹纵向钢筋不宜伸入节点，当不得不伸入节点锚固时，可采用钢筋机械连接的方式。

图 3-10 框架节点的配筋构造

3.1.4 装配整体式混凝土剪力墙结构

1. 技术概述

装配整体式混凝土剪力墙结构（简称装配式剪力墙结构）指全部或部分剪力墙采用预制墙板构建成的装配整体式混凝土结构。由于装配式剪力墙结构对建筑空间的合理利用，以及较好的抗震性能，在我国居住建筑中得到了广泛应用（图

图 3-11 装配式剪力墙结构现场施工图

3-11）。装配整体式剪力墙结构的技术关键是预制剪力墙的水平接缝和竖向接缝的连接构造，其中竖向接缝的构造与现浇剪力墙结构的相同，而水平接缝主要采用钢筋套筒灌浆连接或浆锚搭接连接。

2. 一般规定

装配式剪力墙结构的设计应符合国家现行标准《混凝土结构设计规范》GB 50010、《装配式混凝土建筑技术标准》GB/T 51231 和《装配式混凝土结构技术规程》JGJ 1 等的相关规定。装配式剪力墙结构的最大适用高度、最大高宽比、平面布置、竖向布置以及抗震等级的要求按《装配式混凝土建筑技术标准》GB/T 51231 的相关规定确定。装配式剪力墙结构应沿两个方向布置剪力墙，剪力墙的截面宜简单、规则，预制墙的门窗洞口宜上下对齐、成列布置。对于高层建筑装配式剪力墙结构，一般要设置现浇混凝土的地下室，且底部加强部位宜采用现浇混凝土，当采取可靠技术措施后，也可采用预制混凝土。

3. 结构分析

在各种设计状况下，装配式剪力墙结构可采用与现浇剪力墙混凝土结构相同的方法进行结构分析，其承载力极限状态及正常使用极限状态的作用效应分析可采用弹性分析方法。对于采用螺栓、焊接等干连接的装配式剪力墙结构的分析，需根据节点和接缝的受力特性进行节点和接缝的模拟。对同一层内既有现浇墙肢也有预制墙肢的装配式剪力墙结构，考虑到预制剪力墙的接缝对墙的抗侧刚度有一定的削弱作用，尚应考虑对弹性计算的内力进行调整，适当放大现浇墙肢在水平地震作用下的剪力和弯矩，将其乘以不小于 1.1 增大系数，而预制剪力墙的剪力、弯矩不减小，偏于安全。按弹性方法计算的风荷载或多遇地震标准值作用下，装配式剪力墙结构的楼层层间最大水平位移与层高之比 $\Delta u/h$ 不宜大于 1/1000。

4. 预制构件设计

装配式剪力墙结构中的预制构件类型主要包括：剪力墙外墙板、剪力墙内墙板、内隔墙板、外挂墙板、梁、柱、楼板、楼梯等（图 3-12）。预制剪力墙板宜采用一字形，当有可靠的设计、生产和施工经验时，也可以采用 L 形、T 形或 U 形等形状的构件。梁、板、楼梯等构件设计同装配式框架结构，但应注意框架梁、楼面梁在构造上与剪力墙结构连梁的区别。当剪力墙外墙板采用夹心墙板时，内叶墙板应按剪力墙进行设计，外叶墙板厚度不应小于 50mm、保温层的厚度不宜大于 120mm，外叶墙板与内叶墙板应通过拉结件可靠连接。

预制空调板　叠合梁
预制外墙板
预制飘窗
预制内墙板
预制女儿墙
钢筋桁架叠合板　预制楼梯　预制内隔墙

图 3-12　装配式剪力墙结构构件类型

5. 连接设计

预制构件的连接技术是装配式剪力墙结构最为重要的内容。上、下楼层间预制剪力墙之间形成水平缝连接节点，同楼层相邻剪力墙之间形成竖向缝连接节点。竖向墙体水平接缝宜设置在楼面标高处，一般采用钢筋套筒灌浆或浆锚搭接连接，而相邻预制墙体之间的竖向接缝一般采用后浇混凝土段进行连接。预制剪力墙的侧面、顶面和底面与后浇混凝土的结合面应设置粗糙面或键槽。预制剪力墙与现浇节点构造设计、钢筋连接方式应符合国家现行标准《装配式混凝土建筑技术标准》GB/T 51231、《装配式混凝土结构技术规程》JGJ 1 的相关规定。

如图 3-13 所示，上、下层预制剪力墙竖向钢筋的连接位于边缘构件的部位时，竖向钢筋应逐根连接，连接方式可采用套筒灌浆连接；当预制剪力墙竖向钢筋的连接位于墙体竖向分布钢筋部位时，同侧钢筋的最大间距不应大于 600mm，且剪力墙墙构件的承载力计算以及竖向分布钢筋的配筋率计算时，不应计入未连接的钢筋。各层楼面位置、预制剪力墙顶部无后浇圈梁时，应设置连续的水平后浇带；水平后浇带宽度应取剪力墙的厚度，高度不应小于楼板厚度；水平后浇带应与现浇或者叠合楼、屋盖浇筑成整体。

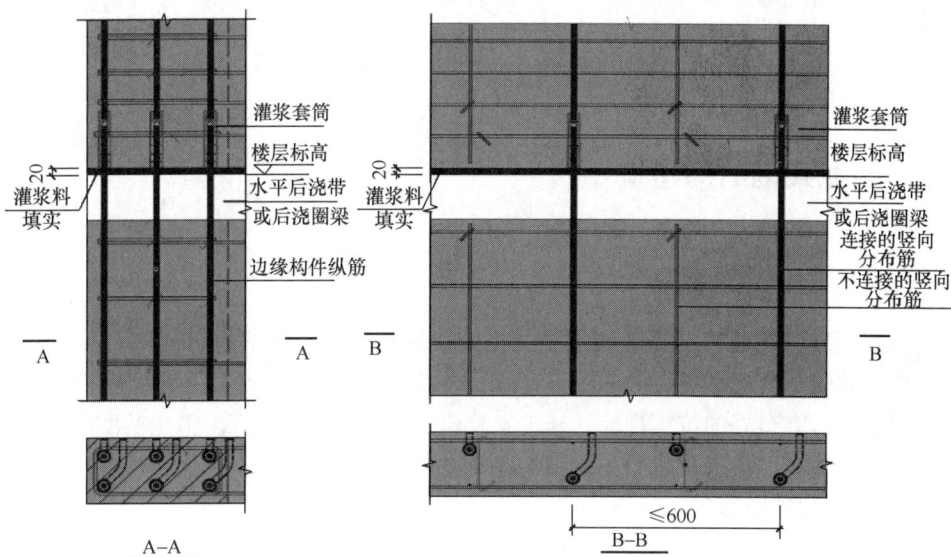

图 3-13 预制剪力墙水平缝连接构造图

装配式混凝土剪力墙的后浇竖向接缝是设计和施工的重点、难点，应考虑施工的易操作性。当接缝位于纵横墙交接处的约束边缘构件区域时，约束边缘构件的阴影区域宜全部采用后浇混凝土，并应在后浇段内设置封闭箍筋。例如，图 3-14 为转角边缘构件，可采用封闭箍筋搭接剪力墙水平箍筋并以延伸至剪力墙端部，并根据需要设置边缘构件水平封闭箍筋，而边缘构件的竖向纵向钢筋则可采用钢筋机械接头进行连接，此时水平钢筋的搭接长度比较短，竖向钢筋需要放置在箍筋的角部；施工安装时，需先放入墙底第一道箍筋，之后再安装剪力墙构件，然后放水平封闭箍筋，最后放入竖向纵向钢筋并进行机械连接。

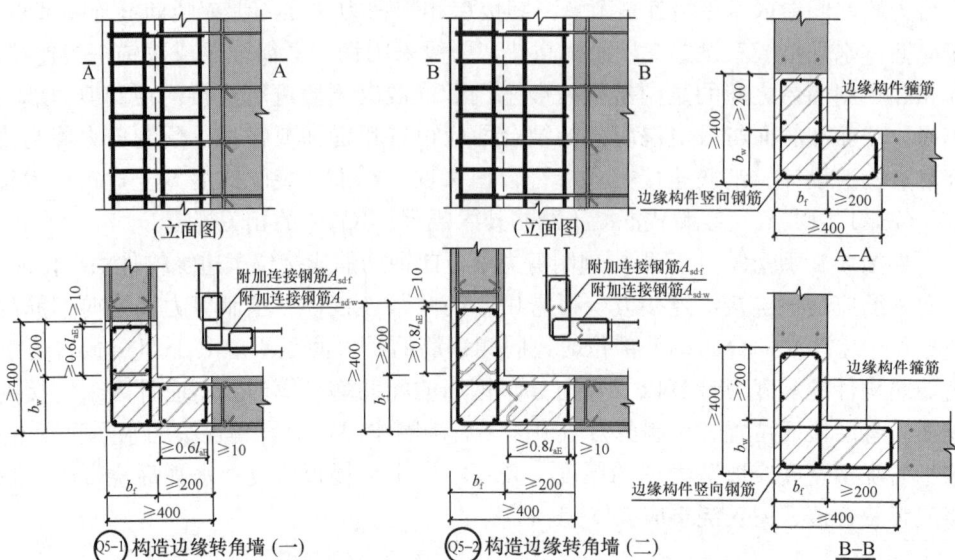

图 3-14　后浇转角边缘构件连接节点构造图

3.2　装配式钢结构建筑

3.2.1　装配式钢结构概述

装配式钢结构建筑是指建筑的结构系统由钢构件、部品通过可靠的连接方式装配而成的建筑。装配式钢结构建筑具有安全、高效、绿色、环保、可重复利用的优势，尤其是具有良好的抗震性能、施工安装速度快、建造质量好、施工精度高、布局灵活、使用率高等特点和优势。钢结构建筑主要应用于工业建筑和民用建筑。

1. 钢结构工业建筑

工业建筑主要包括大跨度工业厂房、单层和多层厂房、仓储库房等。钢结构厂房（图 3-15）主要的承重构件是由钢构件组成。包括钢柱子，钢梁，钢结构基础，钢屋架等。由于钢结构厂房具有质量轻、跨度大、结构整体性能好、装配化施工、施工工期短、投资成本低等优点，目前我国大量的工业厂房一般采用钢结构技术体系。

图 3-15　钢结构工业厂房图

2. 钢结构民用建筑

民用建筑包括两类，一类是学校、医院、体育、机场、大跨度会展中心、超高层建筑等公共建筑（图 3-16、图 3-17）；据统计，目前在建和已建成的 200m 以上钢结构超高层建筑已达千余座，我国钢结构公共建筑正在向着更高、更广、更轻的方向发展。

图 3-16　国家体育场　　　　　　　图 3-17　北京新机场

另一类是居住类建筑，即低层轻钢体系住宅和高层钢结构住宅，钢结构住宅（图 3-18）是钢结构建筑的重要类别，其具有钢结构建筑的一系列特性，同时又具备一般住宅建筑的共性。在居住类建筑领域，装配式钢结构建筑发展相比公共建筑较为缓慢，但是近几年在国家政策的大力支持下，住房和城乡建设部在全国积极推广钢结构住宅的应用和发展。相关企业在钢结构住宅技术方面得到大力发展，钢结构住宅建筑的相应配套技术基本完善，目前钢结构住宅建筑正处于蓬勃发展的初期。

图 3-18　钢结构住宅示意图

3. 钢结构建筑技术特点

装配式钢结构建筑是一个系统工程，由钢结构系统、外围护系统、设备与管线系统、内装系统四大系统组成，是将预制部品部件通过模数协调、模块组合、接口连接、节点构造和施工工法等集成装配而成的，在工地高效、可靠装配并做到主体结构、建筑围护、机电装修一体化的建筑。装配式钢结构建筑应以完整的建筑产品为研究对象，以系统集成为方法，体现加工和装配需要的标准化设计；以工厂精益化生产为主的部品部件；以装配和干式工法为主的工地现场；以提升建筑工程质量安全水平、提高劳动生产效率、节约资源能源、减少施工污染和建筑的可持续发展为目标；以基于 BIM 技术的全链条信息化管理，实现设计、生产、施工、装修、运维的一体化。钢结构建筑性能优越，工厂加工制作，现场装配施工，是适合我国装配式建筑发展的结构技术体系。

3.2.2　装配式钢结构技术体系分类

装配式钢结构体系主要根据建筑功能、建筑高度以及抗震设防烈度等分为以下结构体系类型：钢框架结构、钢框架-支撑结构、钢框架-延性墙板结构、筒体结构、巨型结构、交错桁架结构、门式钢架结构、底层冷弯薄壁型钢结构等。

1. 结构技术体系

（1）低层冷弯薄壁轻钢结构技术体系

我国低层冷弯薄壁轻钢结构住宅的应用，是在 20 世纪 80 年代末至 90 年代初引进欧美及日本的轻钢结构住宅。该结构体系主要是采用以镀锌冷弯薄壁轻钢作为龙骨的承重体系，建筑体系主要是采用轻钢龙骨、复合板材组成的内分隔墙体和外维护结构，主要适用于 1～3 层的低层装配式轻钢结构住宅，不适用于强震区的高层住宅。该体系具有构件尺寸较小，可将其隐藏在墙体内部，有利于建筑布置和室内美观；结构自重轻，地基费用较为节省；梁柱均为铰接，省却了现场焊接及高强螺栓的费用；受力墙体可在工厂整体拼装，易于实现工厂化生产；易于装卸，加快施工进度；楼板采用楼面轻钢龙骨体系，上覆刨花板及楼面面层，下部设置石膏板吊顶，既可便于管线的穿行，又满足了隔声要求等优点。该体系所有建筑部品、构件全部由工厂制作，现场装配完成，是典型的装配式建筑。代表性企业是日本积水株式会社的低层轻钢结构住宅（图 3-19）。

图 3-19　低层冷弯薄壁轻钢结构住宅
1—屋面系统；2—楼板系统；3—墙体系统；4—基础系统

（2）低层轻钢框架结构技术体系

低层轻钢框架结构技术体系在日本和欧美等国家经过几十年的发展，已具备非常完善的技术生产体系和配套部品体系。该体系采用轻型钢梁柱框架结构。均为工厂生产的高精度高强度的钢结构构件，外墙板运用挤塑成型水泥墙板，此类墙板不仅具备优异的耐久耐火等性能，独特的工艺造就了丰富的表面肌理。除此之外，锁定工法及墙壁内通气工法的使用提升了墙体性能及耐久性。一般适用于6层以下的多层建筑。代表性企业是日本大和株式会社的低层轻钢框架结构住宅（图3-20）。

图 3-20 低层轻钢框架结构住宅图

（3）框架结构技术体系

钢框架体系受力特点与混凝土框架体系相同，竖向承载体系与水平承载体系均由钢构件组成。钢框架结构体系是一种典型的柔性结构体系，其抗侧移刚度仅有框架提供。该体系具有开间大、使用灵活，充分满足建筑布置上的要求；受力明确，建筑物整体刚度及抗震性能较好；框架杆件类型少，可以大量采用型材，制作安装简单，施工速度较快等优点。但该体系在强震作用下，抵抗侧向力所需梁柱截面较大，导致其用钢量大；相对于围护结构梁柱截面较大，导致室内出现柱楞，影响美观和建筑功能。装配式钢结构建筑框架柱可选用异型组合截面。

（4）钢框架-支撑体系

在钢框架体系中设置支撑构件以加强结构的抗侧移刚度，形成钢框架—支撑结构（图3-21）。支撑形式分为中心支撑和偏心支撑。中心支撑根据斜杆的布置形式可分为十字交叉斜杆、单斜杆，人字形斜杆、K形斜杆体系。与框架体系相比，框架—中心支撑体系在弹性变形阶段具有较大的刚度，但在水平地震作用下，中心支撑容易产生侧向屈曲。偏心支撑中每一根支撑斜杆的两端，至少有一端与梁相交（不在柱节点处），另一端可在梁与柱交点处进行连接，或偏离另一根支撑斜杆一段长度与梁连接，并在支撑斜杆杆端与柱子之间构成一耗能梁段，或在两根支撑斜杆的杆端之间构成一耗能梁段。偏心支撑框架与剪力墙结构相比在达到同样的刚度重量要小，用于高层住宅结构时经济性好。

（5）钢框架-核心筒体系

图 3-21　钢框架-支撑技术体系示意图

钢框架-核心筒体系是由外侧的钢框架和混凝土核心构成。钢框架与核心筒之间的跨度一般为 8~12m，并采用两端铰的钢梁，或一端与钢框架柱钢接相连、另一端与核心筒铰接相连的钢梁。核心筒的内部应尽可能布置电梯间、楼梯间等公用设施用房，以扩大核心筒的平面尺寸，减小核心筒的高宽比，增大核心筒的侧向刚度。体系中的柱子可采用箱形截面柱或焊接的 H 型钢，钢梁可采用热轧 H 型钢或焊接 H 型钢。钢框架-核心筒体系的主要优点：1）侧向刚度大于钢框架结构；2）结构造价介于钢结构和钢筋混凝土结构之间；3）施工速度比钢筋混凝土结构有所加快，结构面积小于钢筋混凝土结构。

（6）钢框架-剪力墙技术体系

钢框架-剪力墙体系可细分为框架-混凝土剪力墙体系、框架-带竖缝混凝土剪力墙体系、框架-钢板剪力墙体系及框架-带缝钢板剪力墙体系等。剪力墙体系常在楼梯间或其他适当部位（如分户墙）采用剪力墙作为结构主要抗侧力体系，由于剪力墙抗侧移刚度较强，可以减少钢柱的截面尺寸，降低用钢量，并能够在一定程度上解决钢结构建筑室内空间的露梁露柱问题。该体系将钢材的强度高、重量轻、施工速度快和混凝土的抗压强度高、防火性能好、抗侧刚度大的特点有机地结合起来，适合用于高层办公类和住宅。

（7）钢板组合剪力墙技术体系

钢板组合剪力墙的墙体外包钢板和内填混凝土之间的连接构造可采用栓钉、T形加劲肋、缀板或对拉螺栓，也可混合采用这四种连接方式。钢板组合剪力墙抗压和抗剪承载力高，延性好；钢和混凝土组合作用可靠；加工制作方便；现场混凝土浇筑方便，不需支模；钢板组合剪力墙技术体系抗侧刚度大，适合用于超高层办公及住宅体系。目前针对钢板组合剪力墙体系形成的有钢管束剪力墙体系及组合箱型剪力墙体系等。

（8）钢混组合结构技术体系

钢混组合结构主要是指受力构件由 H 型钢作为骨架，翼缘间焊接 C 型钢筋或扁钢、并根据受力需要配置纵向钢筋，最终浇筑混凝土而形成的一种钢混组合结构构件。钢混组合结构技术体系较好地将钢与混凝土组合在一起，彼此很好地协同工作，钢与混凝土完美结合，互为约束，混凝土提高开口截面钢的局部稳定性，通过增加整个截面的抗弯和抗扭刚度提高纯钢构件的整体稳定性；钢的外包约束一定程度上抑制混凝土裂缝早期开裂，使得构件具有较高的竖向承载力，又具有较好的抗震性能。组合构件在工厂预制，可实现标准化设计、工厂化生产、装配化施工，降低了现场劳动强度，大幅度缩短工期。同时有效解决了装配式钢结构的防火、防腐、隔音、结构震颤、保温性能，具有较好安全性、适用性、耐久性和经济性。如图 3-22 所示。

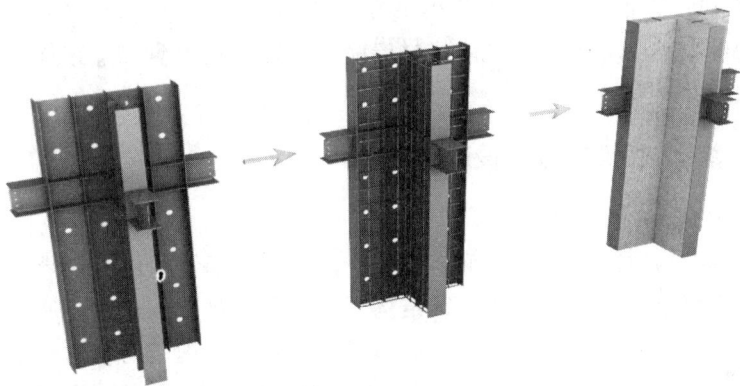

图 3-22　钢—混组合剪力墙结构示意图

2. 围护结构体系

围护结构系统的设计使用年限是确定外围护系统性能要求、构造、连接的关键，设计时应明确。装配式钢结构建筑中外围护系统的设计使用年限应与主体结构相协调，装配式钢结构建筑中外围护系统的基层板、骨架系统、连接配件的设计使用年限应与建筑物主体结构一致；为满足使用要求，外围护系统应定期维护，接缝胶、涂装层、保温材料应根据材料特性，明确使用年限，并应注明维护要求。

为了减轻结构自重，充分发挥钢结构的优势，围护墙体宜采用轻质复合材料。外墙材料主要采用蒸压轻质加气混凝土板、预制钢筋混凝土墙、钢丝网架聚苯夹心板、纤维水泥挂板、聚氨酯复合外墙板、金属面压花复合板等。钢结构住宅的围护墙体材料应该具有以下特点：

（1）从传统的既围护又承重体系变为纯围护体系，钢框架建筑的荷载由梁柱传递，墙体不起承重作用，这是钢结构住宅墙体与传统的砖混或内浇外砌剪力墙住宅的根本区别。这一特点使钢结构住宅墙体成为纯围护结构，不再受结构空间的限制，可以根据居住空间的要求灵活分隔。

（2）墙体材料应具有质量轻、强度高等物理化学特性和良好的保温隔热性。

钢结构的特征之一是轻质高强，钢结构建筑的墙体材料也应具备这一特质，否则重型墙体增加结构的荷载，丧失了钢结构的优势。此外，重型墙体对于负担重量的结构体系要求也较高，必须有结构梁的支撑，无法达到灵活布置的要求。良好的保温隔热、防火防渗漏和隔声性能是达到居住环境健康舒适的必要条件。

（3）墙体类型适宜于工厂化生产，现场装配化建造。建筑材料工业化生产是住宅产业化的重要标志。钢结构住宅属于高度工业化生产制作和安装，统筹一栋几千平方米的多层住宅，钢结构吊装只需要一到两个月。钢结构住宅也因此具备装配式建筑的基本条件。墙体材料是住宅建筑的重要组成部分，数量多、作用大，只有采用高度工业化生产制作和现场装配式施工，才能真正发挥钢结构住宅的工业化优势。

（4）连接部位的构造节点处理变得尤为重要。工业化定型生产的墙体材料，在施工安装过程中的节点构造类型比传统砌筑式墙体复杂得多。居住建筑对于墙体材料物理性能方面的较高要求使得节点构造的妥善处理成为解决问题的关键。一种成熟的可大量投产使用的墙体建材产品必须在材料本身和连接构造上都有令人满意的效果。

3.2.3　装配式钢结构建筑设计

1. 技术集成设计

装配式钢结构建筑不仅仅是钢结构本身，而是以钢结构作为承重结构的装配式建筑技术系统集成。众所周知，钢结构"先天"就是装配式的，所以应该着眼于构成整个建筑的部品与技术系统，而不仅仅只是钢结构。钢结构建筑是一个系统工程，除了钢结构系统外，还包括外围护系统、设备与管线系统、内装系统等，装配式钢结构建筑在设计时应考虑不同系统、不同专业之间的协同，包括结构构件与围护部品、设备管线之间的预留、预埋和连接。应做到下列要求：

（1）装配式钢结构建筑应采用系统集成的方法统筹设计、生产运输、施工安装和使用维护，实现全过程的协同。

（2）装配式钢结构建筑应按照通用化、模数化、标准化的要求，以少规格、多组合的原则，实现建筑及部品部件的系列化和多样化。

（3）部品部件的工厂化生产应建立完善的生产质量管理体系，设置产品标识，提高生产精度，保障产品质量。

（4）装配式钢结构建筑应综合协调建筑、结构、设备和内装等专业，制定相互协同的施工组织方案，并应采用装配式施工，保证工程质量，提高劳动效率。

（5）装配式钢结构建筑应实现全装修，内装系统应与结构系统、外围护系统、设备与管线系统一体化设计建造。

（6）装配式钢结构建筑宜采用建筑信息模型（BIM）技术，实现全专业、全过程的信息化管理。

（7）装配式钢结构建筑宜采用智能化技术，提升建筑使用的安全、便利、舒适和环保等性能。

（8）装配式钢结构建筑应进行技术策划，对技术选型、技术经济可行性和可建造性进行评估，并应科学合理地确定建造目标与技术实施方案。

（9）装配式钢结构建筑应采用绿色建材和性能优良的部品部件，提升建筑整体性能和品质。

2. 建筑设计方法

（1）钢结构建筑的设计过程应包括技术策划、方案设计、初步设计、施工图设计、构件深化设计、室内装修设计等相关内容。

（2）钢结构建筑应进行模数化、模块化、标准化设计，遵循少规格、多组合的原则，保证建筑部品和部件标准化、定型化，重复使用率高，符合工厂加工、现场装配的要求。

（3）钢结构建筑设计应满足建筑功能和性能要求，兼顾工厂生产和施工安装的要求，各专业、各生产阶段之间要相互协同。

（4）钢结构建筑设计应综合考虑钢结构的材料特点，满足防火、防腐、隔声、热工及楼盖舒适度等要求。

（5）平面设计应在模数协调的基础上，以具有使用功能的空间为标准模块，进行分解、组合设计。模块应具备可组合、可分解和可更换的功能。

（6）立面设计应简洁，上下贯通，无局部大尺寸凹凸；并对各专业进行集成化设计。立面元素应规格化、定型化、通用化。

（7）钢结构构件深化设计应满足工厂制作、施工装配等相关环节承接工序的技术和安全要求，各种预埋件、连接件设计应准确、清晰、合理。

3. 结构设计

（1）装配式钢结构建筑结构设计应符合国家现行标准《装配式钢结构建筑技术标准》GB/T 51232、《建筑抗震设计规范》GB 50011、《钢结构设计规范》GB 50017 和《高层民用建筑钢结构技术规程》JGJ 99 中的相关要求。

（2）装配式钢结构建筑平面、立面应尽量规则、整齐、简单，避免因局部突变或者结构的扭转效应形成薄弱部位，对可能出现的薄弱部位应采取有效的加强措施。

（3）装配式钢结构建筑应设置多道防线，避免因部分结构或者构件的破坏而导致整体结构丧失承受载能力；并应具有良好的整体性、必要的承载能力、足够的刚度、良好的变形能力和消耗地震作用的能力。

（4）装配式钢结构建筑节点设计应做到安全可靠、方便施工；连接节点宜采用螺栓连接，宜尽量避免或减少现场焊接。

（5）装配式钢结构建筑的结构自振周期，应根据非承重填充墙体的刚度影响适当考虑折减。

（6）装配式钢结构建筑的结构体系，宜根据建筑层数、抗震设防烈度等因素选用钢框架结构体系或钢框架-支撑结构体系或方钢管混凝土格构柱结构体系或巨型结构等。

4. 结构选型

装配式钢结构体系选择应依据安全、适用、经济、美观、绿色的原则，重点设防类和标准设防类多高层装配式钢结构建筑适用的最大高度应符合表 3-1 的规定。

多高层装配式钢结构建筑适用的最大高度（m） 表 3-1

结构体系	6 度 0.05g	7 度		8 度		9 度 0.4g
		0.10g	0.15g	0.2g	0.3g	
钢框架结构	110	110	90	90	70	50
钢框架-中心支撑结构	220	220	200	180	150	120
钢框架-偏心支撑结构 框架-屈曲约束支撑结构 框架-延性墙板结构	240	240	220	200	180	160
筒体（框筒、筒中筒、桁架筒、束筒）、巨型框架	300	300	280	260	240	180
交错桁架结构	90	60	60	40	40	—

注：1. 房屋高度指室外地面到主要屋面板板顶的高度（不包括局部突出屋顶部分）；
　　2. 超过表内高度的房屋，应进行专门研究和论证，采用有效的加强措施。

3.3 木结构建筑

3.3.1 木结构建筑概述

木结构是人类文明史上最早的建筑形式之一，这种结构形式以优良的性能和美学价值被广泛推广应用。我国木结构历史可以追溯到 3500 年前，其产生、发展、变化贯穿整个古代建筑的发展过程，也是我国古代建筑成就的主要代表。最早的木框架结构体系采用卯榫连接梁柱的形式，到唐代逐渐成熟，并在明清时期进一步发展出统一标准，如《清工部工程做法则例》。1949 年新中国成立后，因木结构具有突出的就地取材、易于加工优势，当时的砖木结构占有相当大的比重。20 世纪五六十年代，我国实行计划经济，提出节约木材的方针政策，国外经济封锁又导致木材无法进口，这对木结构建筑发展产生了很大束缚。中国加入 WTO 后，与国外木结构建筑领域的技术交流和商贸活动迅速增加。1999 年，我国成立木结构规范专家组，开始全面修订《木结构设计规范》GBJ 5—1988。近年来，随着人们生活水平的提高，崇尚自然、注重健康、提倡环保的消费观念越来越被认同，木结构得到了前所未有的青睐。尤其是，目前在国家发展装配式建筑的推动下，木结构作为典型的装配式建造结构，得到了大力推广和应用。木结构的旺盛需求，促生了很多专业的木结构企业，我国木结构逐步走上了产业化的道路，经过将近20 年的发展，已初具规模，图 3-23 为国内现代木结构建筑。

目前日本、芬兰、瑞典、美国、加拿大等发达国家都普遍采用现代木结构住宅建筑。日本在新建住宅中，木结构住宅所占居住建筑比例基本达 45％左右；在

图 3-23　国内现代木结构建筑图

北欧的芬兰、瑞典木结构住宅所占居住建筑比例达 80% 左右；美国、加拿大木结构住宅所占比例达 75% 左右，尤其是高档别墅建筑几乎全部采用木结构。从日本木结构住宅类型来看，梁柱式木结构仍占绝对比例，即吸收了传统木结构的精髓，也有自己独特的风格和个性。在这些国家的木结构建筑产业中，各种新型材料、现代技术得到了广泛应用，木结构建筑体系已相对成熟，除了建造一些新颖别致的木质别墅外，还向公共建筑、多层和高层混合结构建筑方向发展。加拿大的木材工业是国家支柱产业之一，其木结构住宅的工业化、标准化和配套安装技术非常成熟。当然，这些国家的优势是他们大都属于木材的生产量超过使用量的国家。但是，近年来为了应对全球气候变化，减少建筑能耗与碳排放，中国开始发展建筑用木材基地，并且已经找到了解决现代建筑用木材的途径。

3.3.2 现代木结构建筑的分类与特点

1. 现代木结构建筑分类

现代木结构建筑的主要结构构件均采用标准化的木材或工程木产品，构件连接节点采用金属连接件连接。相对于传统木结构，现代木结构建筑对木材的材性要求较低，不需要大量使用优材和大材。现代加工工艺可将劣材、小材，经过层压、胶合、金属连接件等工艺，变成结构性能远超原木的产品，极大地提高了木材利用效率，也更加有利于木材的循环利用，应用于建筑领域的工程木主要有：层板胶合木（Glulam）、平行木片胶合木（PSL）、单板层积胶合木（LVL）、层叠木片胶合木（LSL）、正交胶合木（CLT）。

其中，层板胶合木（Glulam）是由 $20\sim50$mm 木板经干燥、顺纹胶合而成，可用作梁、柱等结构构件；旋切板胶合木（LVL）则是由 $2.5\sim6$mm 的原木旋切成单板，单板顺纹组坯胶合而成，一般用作梁、柱等构件；正交胶合木（CLT）采用层板正交叠放胶合成实木板材，叠层数量可根据用户需求或建筑需要设置为 3 层、5 层、7 层和 9 层，可用作承重墙体与楼板，建设多、高层木结构建筑。图 3-24 为常见工程木照片，图 3-25 为现代木结构建筑工程木加工工艺图。

图 3-24 常见工程木示意图
(a) 层板胶合木（Glulam）；(b) 平行木片胶合木（PSL）；(c) 单板层积胶合木（LVL）；(d) 层叠木片胶合木（LSL）；(e) 正交胶合木（CLT）

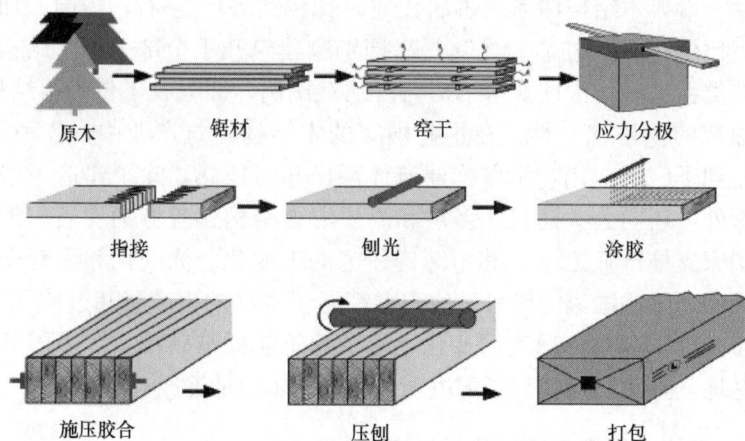

图 3-25　现代木结构建筑工程木加工工艺图

常见现代木结构体系包括：井干式木结构（木刻楞）、轻型木结构、梁柱-剪力墙、梁柱-支撑、CLT 剪力墙、核心筒-木结构。现代木结构体系允许层数见图 3-26。

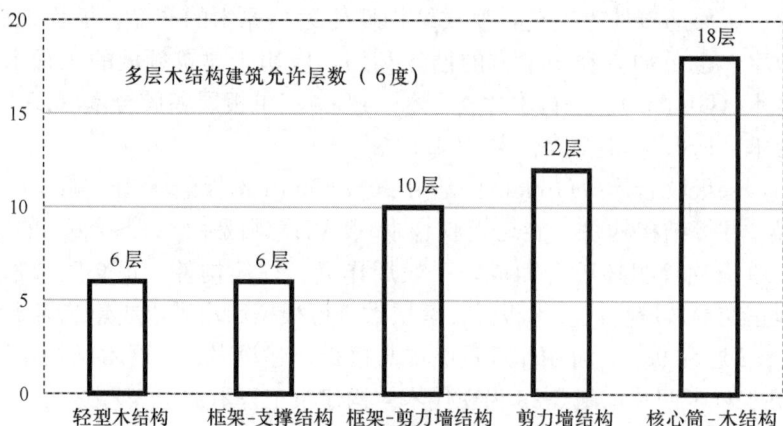

图 3-26　现代木结构结构体系允许层数
摘自《多高层木结构建筑技术标准》（GB/T 51226—2017）

（1）井干式木结构（木刻楞）（图 3-27）：采用原木、方木等实体木料，逐层累叠、纵横叠垛而构成。特点：连接部位采用榫卯切口相互咬合，木材加工量大、木材利用率不高。应用领域：这类房屋在我国东北地区就大量采用。

（2）轻型木结构（图 3-28）：用规格材、木基结构板材或石膏板等制作的木构架墙体、楼板和屋盖系统构成的单层或多层建筑结构。特点：安全可靠、保温节能、设计灵活、建造快速、建造成本低。应用领域：主要用于低层住宅。

（3）梁柱-剪力墙木结构（图 3-29）：在胶合木框架中内嵌木剪力墙的一种结构体系。特点：既改善了胶合木框架结构的抗侧力性能，又比剪力墙结构有更高的性价比和灵活性。应用领域：可用于低层和多高层木结构。

（4）梁柱-支撑木结构（图 3-30）：在胶合木框架中设置（耗能）支撑的一种结

图 3-27 井干式木结构示意图
(a) 原木结构；(b) 方木结构

图 3-28 轻型木结构示意图

图 3-29 梁柱-剪力墙木结构示意图

构体系。特点：体系简洁、传力明确、用料经济、性价比高。应用领域：可用于多、高层木结构建筑。

（5）CLT 剪力墙木结构（图 3-31）：以正交胶合木作为剪力墙的一种结构体系。特点：以 CLT 木质墙体为主承受竖向和水平荷载作用，保温节能、隔声及防火性能好、结构刚度较大，但用料不经济。应用领域：可用于多、高层木结构建筑。

（6）框架-核心筒结构（图 3-32）：是以钢筋混凝土或 CLT 核心筒为主要抗

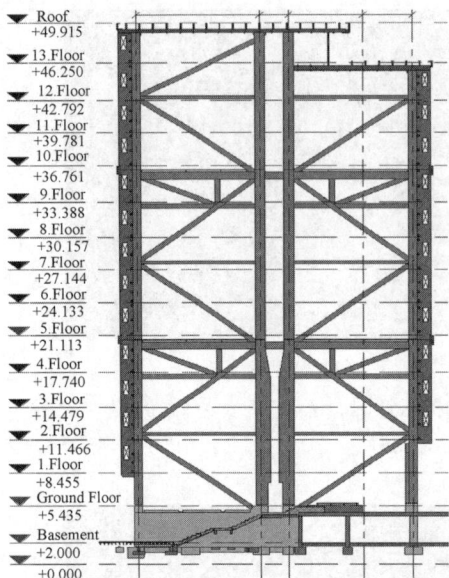

图 3-30　梁柱框架-支撑结构图（挪威卑尔根，总高 49.9m 项目）

图 3-31　CLT 剪力墙木结构项目图

侧力构件，加外围梁柱框架的结构形式。特点：以核心筒为主要抗侧力构件、木梁柱为主要竖向受力构件；结构体系分工明确，需注意两种结构之间的协调性。应用领域：主要用于多、高层木结构建筑。

2. 现代木结构建筑特点

现代木结构建筑作为天然环保材料，在节能环保、绿色低碳、防震减灾、工厂化预制、施工效率等方面凸现更多的优势。整体结构性能远超原木的现代木结构体系，相比混凝土建筑、钢结构建筑，可以大幅度降低施工扬尘和噪声，减少建筑垃圾和污水排放，具有绿色建造、低碳发展的特点，节能减排效果十分显著。具体特点如下：

图 3-32　框架-核心筒木结构示意图

（1）设计布置灵活。轻型木结构因其材料和结构的特点，使得平面布置更加灵活，为建筑师提供了更大的想象空间，木结构房屋的墙体比标准混凝土墙体薄20％，因而其室内空间更大；同时还能够轻易将基础设置（电线、管道及通风管）埋入地板、天花板和墙体内，没有任何其他建筑体系能够提供和建筑本身结合天衣无缝的室内碗柜、隔板和衣橱，从而大幅度节省购买家具的费用，使其成为定制结构或装饰性设计的最佳选择。而且木结构房屋还能够轻易地进行重新设计，以满足需求的变化。

（2）建造工期短。木结构采用装配式施工，这样施工对气候的适应能力较强，不会像混凝土工程一样需要很长的养护期，另外，木结构还适应低温作业，因此冬期施工不受限制。

（3）节能效果显著。建筑物的节能效果是由构成该建筑物的结构体系和材料的保温特性决定的。木结构的墙体和屋架体系由木质规格材料、木基结构覆面板和保温棉等组成，测试结果表明，150mm 厚的木结构墙体，其保温能力相当于610mm 厚的砖墙，木结构建筑相对混凝土结构可节能 50％～70％。

（4）保护资源环境。与钢材和水泥相比，木材的生产只产生很少的废物，可持续发展的林业可提供永不枯竭的森林资源。锯材生产的废料可以被用来制造纸浆、刨花板或作为燃料。木材同时又是 100％可降解。如果不做处理，它可很简单地解体融入土壤，并使土壤肥沃。

（5）居住舒适健康。由于木结构优异的保温特性，人们可以享受到木结构住宅的冬暖夏凉。另外，木材为天然材料，绿色无污染，不会对人体造成伤害，材料透气性好，易于保持室内空气清新及湿度均衡。

（6）结构安全可靠。轻型木结构房顶韧性大，对于瞬间冲击载荷和周期性疲劳破坏有很强的抵抗能力，而且由于自身结构轻，木结构又有很强的弹性回复性，地震时吸收的地震力少，结构在基础发生位移时可由自身的弹性复位而不至于发生倒塌。在地震时的稳定性已经得到反复验证，即使强烈的地震使整个建筑物脱离其基础，而其结构却能完整无损。木结构在各种极端的负荷条件下，其结构的抗地震稳定性能和结构的完整性十分优越。

（7）隔声性能优越。基于木材的低密度和多孔结构，以及隔声墙体和楼板系统，使木结构也适用于有隔声要求的建筑物，创造静谧的生活，工作空间。另外，木结构建筑没有混凝土建筑常有的撞击性噪声传递问题。

（8）耐久性能良好。精心设计和建造的现代木结构建筑，能够面对各种挑战，是现代建筑形式中最经久耐用的结构形式之一，能历经数代而状态良好，包括在多雨、潮湿，以及白蚁高发地区。

3.3.3　现代木结构建筑的应用

1. 大跨木结构建筑

（1）中小型体育场馆

以工程复合木为主的现代木结构被大量地应用于中小型体育馆建筑，如篮球馆、网球馆、羽毛球馆及健身中心等。图 3-33 给出了几个建筑实例，其中图 3-33（a）中的屋面主要承重构件为具有反拱的直梁形式，一般在正常使用过程中，在外部荷载作用下，木梁的反拱被抵消，因此反拱能够大大降低结构构件的变形；图 3-33（b）和图 3-33（c）中分别为变截面梁和木桁架形式。工程复合木主要用于体育馆建筑，除了具有承载能力高、外观优美、亲切舒适、节能环保等优良特性以外，木质材料的天然隔声效果也使体育馆拥有良好的声学效果。

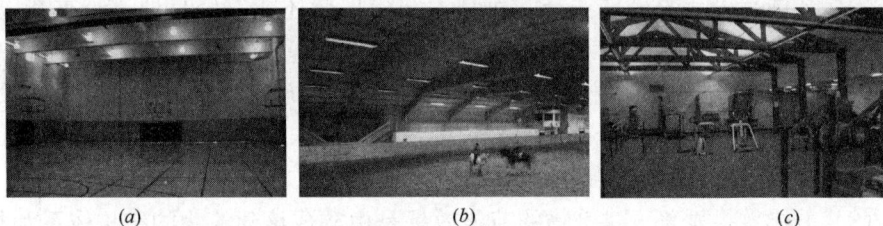

图 3-33　现代木结构在中小型体育馆中的应用实例
(a) 篮球馆；(b) 竞技场；(c) 健身中心

（2）游泳馆和溜冰场

经过特殊处理的木材，在建造游泳馆及溜冰场等场馆时具有其他材料不可比拟的优势。因为在游泳馆中水汽蒸发严重，水池中的消毒成分在蒸发后会严重腐蚀馆内的金属材料，因此若采用钢结构，就需要定期维护，这将增加建筑成本；而木结构材料经过处理后，可以很好地抵御水蒸气的侵蚀，保护场馆的结构不受损失。

目前在发达国家，木结构用于公共或高校内的游泳馆及溜冰场建筑的例子比比皆是，图 3-34（a）为美国俄勒冈州波特兰市的哥伦比亚公园游泳馆，其屋面结构亦采用胶合木拱与木结构板材，直径达到 40m，梁板构件均进行了加压防腐处理以提高其耐久性，图 3-34（b）为拱形结构的现代游泳馆。图 3-34（c）为美国加州阿纳海姆市的迪士尼溜冰场，整个溜冰场总面积为 8175m²，而木结构部分占了 5300m²，其屋顶结构是由曲线形胶合木大梁和胶合板构成，而原先的方案是采用钢结构,但由于超出预算而改用胶合木结构;其中胶合木梁的截面尺寸为222mm×1292mm,间距为6.7m,跨度为35.4m;而天然裸露的木质构件会给溜冰场带来暖意。

| (a) | (b) | (c) |

图3-34 现代木结构在游泳馆及溜冰场中的应用实例
(a)哥伦比亚公园游泳馆;(b)游泳馆;(c)溜冰场

(3)大型体育馆

木结构用于大型体育馆具有很多优势,如节能环保、音响效果优良及防火安全性高等特点,同时其外观优美、给人以自由开放、亲切舒适的感觉。由于其节能效果好、结构及构件重量轻、施工方便且周期短,所以整个结构的造价会较低,从而降低了建造成本。下面以几个例子进行详细介绍。

1981年,在美国华盛顿州阿纳海姆市建成的一座大型多用途体育馆——塔科马体育馆(图3-35),馆内可举办足球、网球和篮球等不同规模的赛事,其主体结构为胶合木穹顶结构,它由许多三角形单元木架构组成。穹顶直径162m,穹顶距地面45.7m,屋顶共有414个高度为762mm的弧形胶合木梁,大厅面积13900m²,最多可容纳26000名观众,号称

图3-35 美国塔科马体育馆

世界上最大的木结构穹顶。该设计方案由于在外观、环保、性能等方面的领先优势而被采纳。在经济方面,它可以同充气屋顶结构、混凝土结构方案相媲美,如木结构、充气穹顶结构和混凝土穹顶结构的造价分别为3.02亿美元、3.55亿美元和4.38亿美元。

(4)研发办公楼

河北省建筑科技研发中心1号楼木屋,首次采用了"一托三"的结构形式,其中一层为混凝土框架结构,二至四层为木结构。木结构部分又包括了轻型木结构、重木结构及轻重木混合结构三种木结构形式。该工程桁架设计形式复杂,由胶合木拼装组成的桁架最大跨度达23m,居全国之首。大会议室桁架在施工场地外拼装完成,然后吊运安装至相应位置。咖啡厅桁架胶合木在施工现场逐个拼装,这就要求胶合木和相应的钢配件加工尺寸准确无误,施工难度较大。作为中加合作

图 3-36　河北省建筑科技研发中心

节能示范项目，项目采用了很多现代的节能技术和节能材料，主要包括地源热泵、太阳能光伏发电、太阳能热水系统、Low-e 玻璃、STP 新型保温材料等，图 3-36 为河北省建筑科技研发中心。

2. 多高层建筑

近年来，高层木结构建筑在欧美悄然兴起，在已建成的木结构建筑中，最高达 14 层，典型的多高层木结构建筑工程实例见表 3-2。据不完全统计，到 2015 年底，已经建成的 5 层以上或高度 15m 以上的合计 68 座，正在建设的 12 幢；处于构想中的 12 幢，最高已经达 102 层。

多高层木结构典型工程实例　　　　　　　　　　　　　　　表 3-2

项目名称	地点	层数	结构体系	建成时间
Limnologen	瑞典韦克舍	8	底层混凝土＋上部 CLT	2009
Murray Grove	英国伦敦	9	剪力墙结构	2009
Birdport Housing	英国伦敦	8	剪力墙结构	2010
Holz8 (H8)	德国巴德艾比林	8	剪力墙结构	2011
Life Cycle One (LCT ONE)	奥地利多恩比恩	8	混凝土核心筒＋框架-剪力墙结构	2012
Cenni di Cambiamento	意大利米兰	9	剪力墙结构	2013
Forté	澳大利亚墨尔本	10	剪力墙结构	2012
Treet	挪威卑尔根	14	框架-剪力墙结构	2015

2008 年，Murray Grove 项目在伦敦建成（图 3-37），它对全木结构建筑的发展起到了极大的促进作用。这幢 9 层高的居住建筑所使用的材料为正交胶合木［Cross Laminated Timber (CLT)］，这是 20 世纪末在欧洲出现的一种工程木材。另一类典型的多高层木结构体系为混合结构体系，典型的是奥地利多恩比恩的 8 层木结构 LCT One Tower（图 3-38）。

在加拿大，除了广泛用于低层建

图 3-37　英国伦敦的 Murray Grove 项目

筑的轻型木结构以外，近年来在多高层木结构领域也有较大发展。已建成的加拿大不列颠哥伦比亚大学 UBC 校园 CLT 木结构公寓高达 18 层，如图 3-39 所示。

在挪威，2015 年建成的 14 层全木结构建筑 Treet（图 3-40）已建成使用，结构体系采用胶合木框架＋CLT 剪力墙体系，建筑高达 45m。

图 3-38　奥地利多恩比恩 LCT One Tower

图 3-39　加拿大不列颠哥伦比亚大学
UBC 校园 CLT 公寓

图 3-40　挪威卑尔根 Treet 高层木结构

学 习 与 思 考

1. 什么是装配式混凝土结构？应包括哪些结构类型？
2. 装配式混凝土结构的结构分析与设计方法有哪些？
3. 装配式剪力墙结构的竖向缝和水平缝应如何连接？
4. 什么是钢筋套筒灌浆连接？
5. 装配式钢结构的集成设计与方法有哪些？
6. 现代木结构建筑的分类与特点？

第4章 预制构件生产

预制混凝土构件的生产制作主要在工厂或符合条件的现场进行。预制构件类型按照建筑类型划分，一般分为市政构件和房屋构件；按照构件结构类型划分，一般分为预应力混凝土构件和普通混凝土构件。本章阐述的预制构件生产制作，主要针对房屋建筑的普通混凝土预制构件（简称预制构件）。预制构件工厂的建设规模和设备选型，主要根据工厂生产的构件类型和工程的实际需要，分别采用自动化流水生产线、固定模台生产线等工艺流程，不同的预制构件类型具有不同的生产工艺流程、机械设备、制作方法和技术标准。

4.1 预制构件工厂规划建设

4.1.1 预制构件工厂规划

预制构件工厂的规划建设应充分考虑构件生产能力、成品堆放、材料、运输、水源、电力和环境等各项因素，合理规划场内构件生产区、办公生活区、材料存放区、构件堆放区。

1. 标准构件厂的基本条件

一般标准预制构件工厂占地面积 150～300 亩，其中：厂房占地面积约 3 万 m^2，构件堆场占地面积 4 万～6 万 m^2。标准工厂通常设有 5 条生产线，年生产能力设定为 10 万～15 万 m^3，包括：自动化预制叠合板生产线、自动化内外墙板生产线、自动化钢筋加工生产线、固定模台生产线等。构件运输覆盖半径一般控制在0～200km 范围内。

2. 标准构件厂规划建设内容

（1）构件生产区包括：构件厂房、构件堆放、构件展示。

图 4-1 标准预制构件工厂总体规划图

（2）办公生活区包括：办公楼、实验室、员工宿舍、食堂、活动场地、门卫等。

（3）附属设施用房包括：锅炉房、配电房、柴油机发电房、水泵房等。

（4）其他区域用地包括：厂区绿化、道路、停车位等。

（5）标准构件厂规划建设内容如图 4-1 和图 4-2 所示。

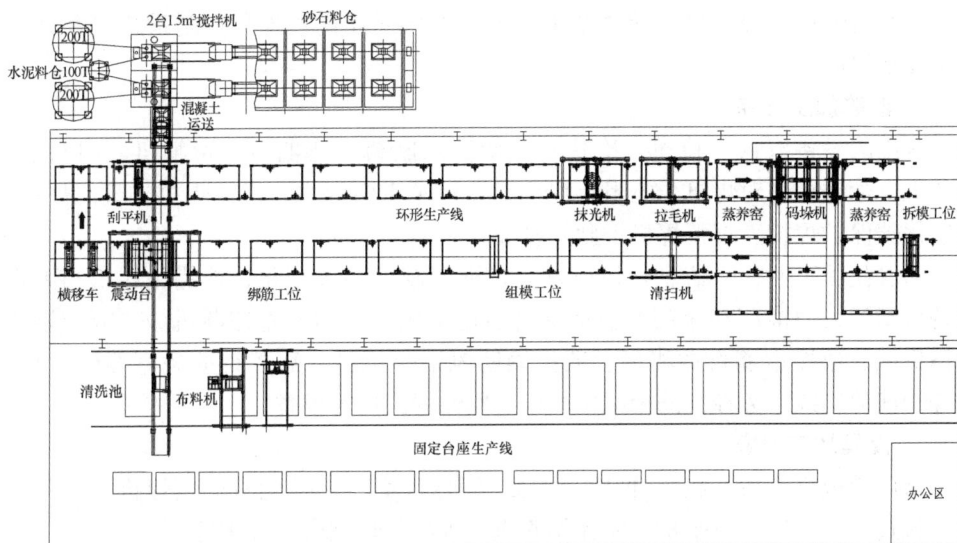

图 4-2 标准预制构件厂生产线布置图

4.1.2 构件生产工艺流程

1. 自动化生产线工艺流程

自动化生产线一般分为八大系统：钢筋骨架成型、混凝土拌合供给系统、布料振捣系统、养护系统、脱模系统、附件安装与成品输送系统、模具返回系统、检测堆码系统。

在模台生产线上设置了自动清理机、自动喷油机（脱模剂）、划线机和模具安装、钢筋骨架或桁架筋安装、质量检测等工位，全过程进行自动化控制，循环流水作业。

相比固定台模生产线，自动化生产线的产品精确度和生产效率更高，成本费用更低，特别是人工成本投入将比传统生产线节省50%。

2. 固定模台工艺

固定平模工艺是指构件的加工与制作在固定的台座上完成各道工序（清模、布筋、成型、养护、脱模等）。一般生产梁、柱、阳台板、夹心外墙板和其他一些工艺较为复杂的异型构件等。

立模工艺的特点是模板垂直使用，并具有多种功能。模板是箱体，腔内可通入蒸汽，侧模装有振动设备。从模板上方分层灌筑混凝土后，即可分层振动成型。与平模工艺比较，可节约生产用地、提高生产效率，而且构件的两个表面同样平整，通常用于生产外形比较简单而又要求两面平整的构件，如预制楼梯段等。立模通常成组组合使用，可同时生产多块构件。每块立模板均装有行走轮，能以上悬或下行方式作水平移动，以满足拆模、清模、布筋、支模等工序的操作需要。

4.1.3 常用生产设备

1. 混凝土搅拌机组

混凝土搅拌机是把水泥、砂石骨料、矿物掺合料、外加剂和水混合并拌制成混合料的机械。机组主要由物料储存系统、物料称量系统、物料输送系统、搅拌系统、粉料输送系统、粉料计量系统、水及外加剂计量系统和控制系统以及其他附属设施组成。

2. 钢筋加工设备

常用的设备有：冷拉机、冷拔机、调直切断机、弯曲机、弯箍机、切断机、滚丝机、除锈机、对焊机、电阻点焊机、交流手工弧焊机、氩弧焊机、直流焊机、二氧化碳保护焊机、埋弧焊机、砂轮机等。

随着我国工业化、信息化快速发展，钢筋制品的工厂化、智能化加工和配送设备得到了大力推广和应用。包括钢筋强化机械、自动调直切断机械、数控钢筋弯箍机械、数控钢筋弯曲机械、数控钢筋笼滚焊机械、数控钢筋矫直切断机械、数控钢筋剪切线、数控钢筋桁架生产线、柔性焊网机等设备。

3. 模具加工设备

常用剪板机、折弯机、冲床、钻床、刨床、磨床、砂轮机、电焊机、气割设备、铣边机、车床、矫平机、激光切割机、等离子切割机、天车等。

4. 混凝土浇筑设备

常用插入式振动棒、平板振动器、振动梁、高频振动台、普通振动台、附着式振动器等。

5. 养护设备

立式养护窑、隧道养护窑、蒸汽养护罩、自动温控系统等。

6. 吊装码放设备

天车、汽车吊、起吊钢梁、框架梁、钢丝绳、尼龙吊带、卡具、吊钉等。

4.2 构件材料与配件

4.2.1 混凝土

预制混凝土构件是由水泥（或掺加胶凝材料）、骨料和水按一定配合比，经搅拌、成型、养护等工艺硬化而成的建筑构件，如图 4-3 和图 4-4 所示。

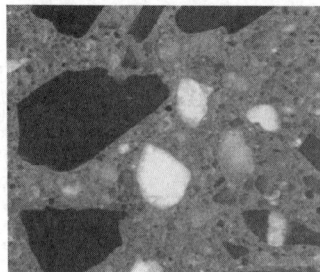

图 4-3 露骨料混凝土示意图

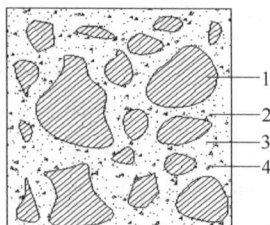

图 4-4 混凝土内部结构示意图
1—石子；2—砂子；3—水泥浆；4—气孔

1. 混凝土材料

混凝土的主要材料有水泥、砂、石子、外加剂、矿物掺合料、水组成。

（1）水泥：预制构件生产通常选用普通硅酸盐水泥。

（2）砂：预制混凝土构件生产中通常使用中砂，不得直接使用海砂。

（3）石子：根据构件尺寸选取相应的连续级配粒级的山碎石或尾矿石。在构件生产中通常使用的石子粒径为 5～15mm，5～20mm，20～40mm。

（4）外加剂：用以改善混凝土性能的材料。按其主要使用功能分为四类：

1）改善混凝土拌合物流变性能：各种减水剂、泵送剂等；

2）调节混凝土凝结时间、硬化性能：缓凝剂、促凝剂、速凝剂等；

3）改善混凝土耐久性：引气剂、防水剂、阻锈剂和矿物外加剂等；

4）改善混凝土其他性能：膨胀剂、防冻剂、着色剂等。

（5）矿物掺和料：为了节约水泥、改善混凝土性能加入的矿物粉体材料。常用粉煤灰、粒化高炉矿渣粉、沸石粉、燃烧煤矸石等。

2. 混凝土配合比设计

（1）混凝土配合比设计中的三个重要参数：

水灰比、用水量、砂率：是决定混凝土强度的主要因素，决定了混凝土拌合物的流动性、密实性和强度等。

（2）配合比设计步骤：

1）初步配合比设计阶段：用水灰比计算方法，水量、砂率查表方法以及砂石材料计算方法等确定计算初步配合比。

2）试验室配合比设计阶段：根据施工条件的差异和变化，材料质量的可能波动调整配合比。

3）基准配合比设计阶段：根据强度验证原理和密度修正方法，确定每立方米混凝土的材料用量。

4）施工配合比设计阶段：根据实测砂石含水率进行配合比调整，确定施工配合比。

3. 混凝土质量要求及影响因素

（1）强度：混凝土强度应满足设计要求，强度等级按立方体抗压强度标准值划分，采用符号 C 与立方体抗压强度标准值 MPa（以 N/mm^2 计）表示。

（2）影响因素：主要有原材料性能、混凝土配合比、搅拌与振捣、养护条件、龄期和试验条件等。

4. 预制构件用混凝土与现浇混凝土的区别

（1）因构件厂需要模具、模台周转，加快制作节拍，配合比中一般不使用缓凝剂。

（2）预制构件混凝土的坍落度通常在 80～160mm 区间，配合比中一般不使用泵送剂。

（3）预制构件混凝土用的砂石质量要求比现浇混凝土高，特别是清水混凝土构件。

4.2.2 钢筋

钢筋是预制混凝土构件中的主要材料，包括光圆钢筋、带肋钢筋等。钢筋自身具有良好的抗拉、抗压强度，同时与混凝土之间具有良好的握裹力，在混凝土中主要承受拉应力。装配式预制混凝土构件中的常用钢筋有：HPB300、HRB400、

HRB400E 和成品钢筋等。

1. 成品钢筋

主要有桁架筋和点焊网片，如图 4-5 和图 4-6 所示。桁架筋和网片多采用排焊机械制造，钢筋之间使用电阻点焊焊接。

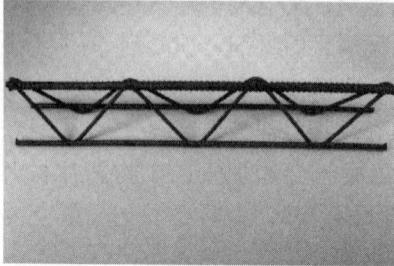

图 4-5　桁架筋

图 4-6　钢筋点焊网片

2. 钢筋连接件

钢筋连接件主要有直螺纹套筒、锥螺纹套筒、灌浆套筒等，装配式预制混凝土构件中常用灌浆套筒，如图 4-7 所示。

图 4-7　灌浆套筒示意图

钢筋连接用灌浆套筒是通过水泥基浆料的传力作用，依靠材料之间的粘结咬合作用连接钢筋与套筒，将钢筋对接连接。国内建筑工程的灌浆套筒接头应满足国家现行行业标准《钢筋机械连接技术规程》JGJ 107 中Ⅰ级接头性能要求。

4.2.3　预埋件

装配式预制混凝土构件中的预埋件有起吊件、安装件等，对于有特殊要求的比如裸露的埋件，需进行热镀锌处理。常用预埋件如图 4-8 所示。

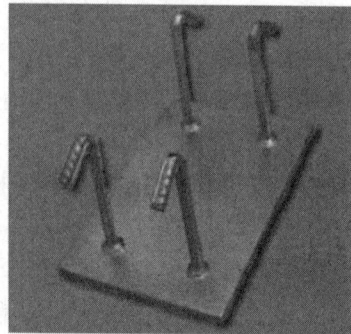

图 4-8　预埋件

4.2.4 保温连接件

保温连接件又叫拉结件，用于连接预制夹心保温墙体的内、外页混凝土墙板，传递外页墙板剪力，以使内外、页墙板形成整体。连接件应满足防腐和耐久性要求、节能设计要求；拉伸强度、弯曲强度、剪切强度应满足国家标准或行业标准规定；连接件的选型和布置需要进行荷载计算。

保温连接件按材质可分为非金属和金属两大类（图 4-9、图 4-10），其中玻璃纤维复合材料（FRP）和不锈钢连接件应用最广。

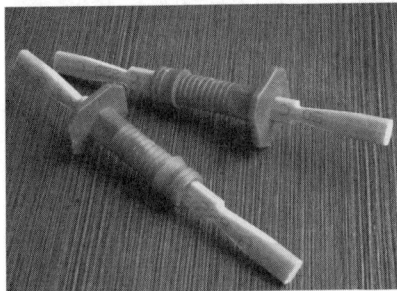
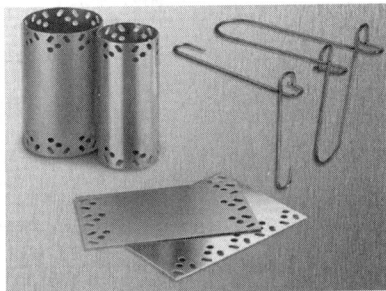

图 4-9　GFRP 保温连接件　　　　图 4-10　不锈钢保温连接件

4.3　预制构件加工与制作

4.3.1　装配式预制构件的主要类型

装配式预制构件主要有预制框架柱、叠合梁、叠合板、空调板、阳台板、楼梯板、内墙板、外墙板、夹心保温外墙板、外挂墙板等，如图 4-11 所示。

(a)　　　　　　　　　　　　*(b)*

(c)　　　　　　　　　　　　*(d)*

图 4-11　预制混凝土构件示意图
(a) 预制叠合梁；*(b)* 预制叠合板 ；*(c)* 预制内墙板；*(d)* 预制外挂墙板

4.3.2 预制构件加工制作流程

1. 加工准备及工艺流程

首先备好水泥、钢筋、砂石、外加剂、掺合料、保温材料、模具、成品钢筋、连接套筒、保温连接件、预埋件等，其质量应符合现行国家及地方有关标准的规定。预制构件生产常规工艺流程如图 4-12 所示。

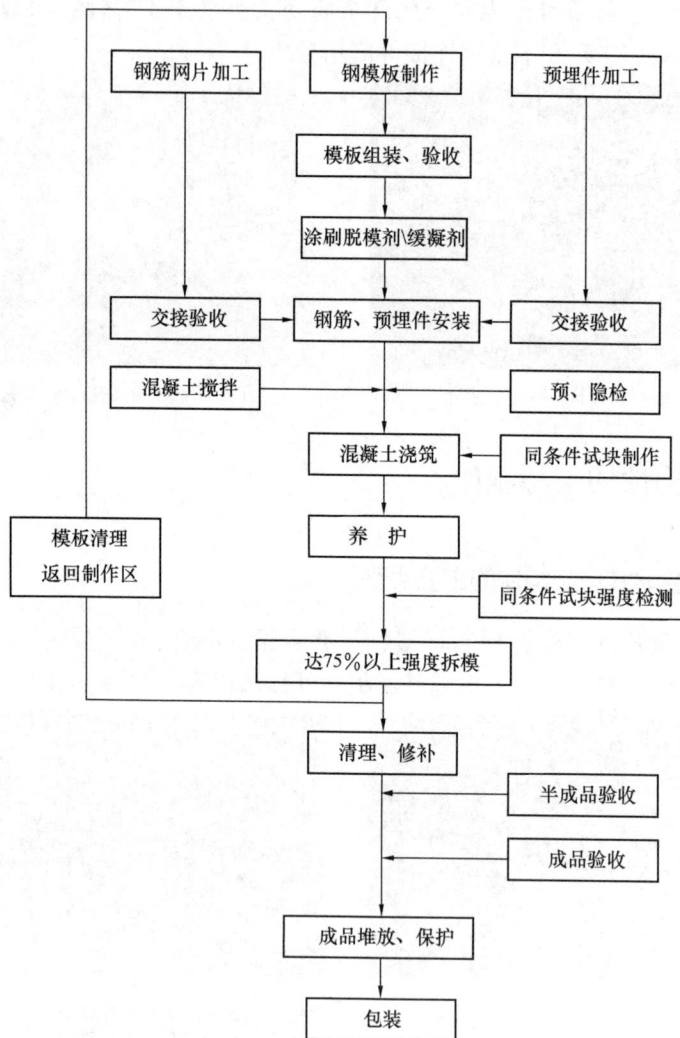

图 4-12　预制构件生产工艺流程图

2. 预制构件制作

（1）模具验收、清理和组装

模具验收：检查模具外观尺寸和底架、台模、边模等部位焊接部位是否牢固、有无开焊或漏焊。

模具清理：新制模具应使用抛光机进行打磨抛光处理，将模具内腔表面的杂物、浮锈等清理干净。

脱模剂涂刷：常用油性蜡质脱模剂或水性脱模剂。不得有漏刷、积聚，并应注意保护钢筋不被脱模剂污染。

（2）钢筋骨架、网片和预埋件制作、安装（图4-13）

钢筋骨架、网片和预埋件必须严格按照构件加工图及下料单要求制作。

钢筋保护层厚度控制：用吊杆将骨架吊起，或用塑料垫块将骨架支起。

预埋件安装：严格按照设计图纸安装预埋件，应使用螺栓或磁吸固定牢固。

（3）预制构件成型

可采用数控布料机准确布料（图4-14），数控振捣台、高频振动台或附着式振动器等振捣混凝土密实；三明治夹心外墙板生产过程中安装完保温连接件和灌浆套筒，如图4-15和图4-16所示。

图4-13　叠合板钢筋安装

图4-14　布料机和振动台

图4-15　安装完保温连接件

图4-16　安装完灌浆套筒

（4）混凝土养护

构件成型后，需加强混凝土养护，防止混凝土产生干缩裂缝和强度降低。可采用覆盖浇水的自然养护或蒸汽养护。

（5）脱模与表面处理

预制构件起吊时，混凝土立方体抗压强度要满足设计要求，且不宜小于设计强度的75%。

构件出筋部位按技术规程需冲刷粗糙面（图4-17），外露粗骨料，加强新旧混凝土结合，防止开裂。预制构件在脱模后存在的不影响结构受力的缺陷可以修补。

（6）预制构件标识

预制构件验收合格后，应将工程名称、构件型号、生产日期、生产厂家、装

图 4-17　构件出筋位置粗糙面示意图

配方向、吊点标识、合格状态、监理单位盖章等标识在明显部位。

4.3.3　质量控制要点

1. 材料检验

（1）应按照现行国家标准《混凝土结构工程施工质量验收规范》GB 50204 要求对钢筋、水泥等原材料进行进场复试。

（2）夹心保温外墙板用保温板材，复试项目为导热系数、密度、压缩强度、吸水率、燃烧性能。

（3）钢筋连接灌浆套筒，应制作连接接头进行工艺检验，抗拉强度检验结果应符合现行国家行业标准《钢筋机械连接技术规程》JGJ 107 中的 Ⅰ 级接头要求。

（4）生产过程应留置混凝土试块，并进行强度检验，试块强度应符合设计要求。

（5）夹心保温外墙板用保温连接件需制作试件，测试抗拔强度，检验结果应符合设计要求。

（6）应将水泥、钢筋、保温板、灌浆套筒连接接头、混凝土标养试块、保温连接件抗拔强度等见证取样，委托具有见证资质的检测机构进行见证检测。

2. 制作过程质量控制要点

（1）钢筋半灌浆套筒接头应严格按照现行国家行业标准《钢筋机械连接技术规程》JGJ 107 要求进行丝头加工和接头连接。

（2）夹心保温外墙板用连接件数量和布置方式应符合设计要求。

（3）混凝土浇筑前应对钢筋、埋件、灌浆套筒接和连接接件等进行隐蔽验收。

（4）内外墙板、柱的外露钢筋需要重点控制，防止位移误差过大，影响与灌浆套筒的连接。

（5）灌浆套筒与模板连接需紧固，进出浆孔需封堵，防止进灰。

（6）拆模后需要检查灌浆孔是否通透。

3. 质量验证

对预制混凝土构件性能进行检验，包括预制楼梯和预制叠合板结构性能检验、夹心保温外墙板的传热系数性能检验等。具体检验方法见《混凝土结构工程施工质量验收规范》GB 50204。

4.4 预制构件存放与运输

4.4.1 构件存放与保护

1. 存放场地要求

预制构件的存放场地一般为硬化地面和人工地坪，场地应具有足够的承载能力和平整度，同时具有排水设施。

2. 构件支承

预制楼板、阳台板、楼梯等水平构件宜平放，堆垛的高度应通过承载力验算确定，一般不超过 6 层。垫块的位置应在一条直线上。外墙板、剪力墙等竖向构件宜采用插放架对称立放，如图 4-18 所示。

3. 成品保护

构件成品周围不应进行污染作业，外墙门框、窗框和外饰面的表面应采用必要的防护措施。对于清水混凝土构件应建立严格有效的保护措施，对于外露埋件或连接件要进行防锈处理。覆盖物应清洁，不得污染预制构件表面。

图 4-18　预制墙板码放示意图

4.4.2 构件运输

预制构件运输前，应制定科学合理的构件运输方案。预制构件应采用专用运输车辆，并配有简易运输架。运输方式分为立运法和平运法，墙板等竖向构件采用立运法，楼板、屋面板等构件采用平运法。

预制构件在运输的时候应固定牢固，防止移动、错位或倾倒。构件重叠平运时，垫木应放在吊点位置，且在同一垂线上。外墙板、剪力墙等竖向构件宜采用插放架对称立放，构件倾斜角度应大于 80°，相邻构件间要用柔性垫层分隔。应根据吊装顺序组织运输，提高施工效率。运输外墙板的时候，所有门窗必须扣紧，防止碰坏。在不超载和确保安全的前提下，尽可能地提高装车量，降低运输成本。

4.5 构件质量验收

预制混凝土构件的质量验收应依据相关现行国家标准严格执行，主要依据标准有《装配式混凝土建筑技术标准》GB/T 51231、《混凝土结构施工质量验收规范》GB 50204、《钢筋套筒灌浆连接应用技术规程》JGJ 355 等。构件混凝土的强度还应符合《混凝土强度检验评定标准》GB/T 50107 的规定。对制作构件所用的原材料需见证取样送检、构件制作过程进行隐蔽检验、构件成品进行出厂检验。

学 习 与 思 考

1. 预制混凝土构件原材料检验有哪些？
2. 预制构件混凝土与现浇混凝土有什么区别？
3. 装配式混凝土构件出筋部位为什么要做粗糙面处理？
4. 三明治夹心外墙板为什么要立式码放和运输？

第5章 装配化施工

装配式建筑的施工环节相当于工业制造的总装阶段，是按照建筑设计的要求，将各种建筑构件部品在工地装配成整体建筑的施工过程。装配建筑的施工要遵循设计、生产、施工一体化原则，并与设计、生产、技术和管理协同配合。装配化施工组织设计、施工方案的制定要重点围绕装配化施工技术和方法。施工组织管理、施工工艺与工法、施工质量控制要充分体现工业化建造方式。通过全过程的高度组织化管理，以及全系统的技术优化集成控制，全面提升施工阶段的质量、效率和效益。

5.1 施工前期准备

5.1.1 施工组织设计

1. 编制原则

工程施工组织设计应具有预见性，能够客观反映实际情况，涵盖项目的施工全过程，施工组织设计要做到技术先进、部署合理、工艺成熟，并且要有较强的针对性、指导性和可操作性。

2. 编制依据

（1）施工组织设计的编制应遵循相关法律法规文件并符合现行国家或地方标准。

（2）施工组织设计的编制要依据工程设计文件及工程施工合同，结合工程特点、建筑功能、结构性能、质量要求等来进行。

（3）施工组织设计编制时应结合工程现场条件，工程地质及水文地质、气象等自然条件。

（4）施工组织设计的编制应结合企业自身生产能力、技术水平及装配式建筑构件生产、运输、吊装等工艺要求，制定工程主要施工办法及总体目标。

3. 主要编制内容

装配式建筑施工组织设计的主要内容包括：

（1）编制说明及依据：包括文件名称、项目特征、施工合同、工程地质勘查报告、经审批的施工图、主要的现行国家和地方标准等。

（2）工程特点分析：从本工程特点分析入手，层层剥离出施工重点，并提出解决措施；要着重分析预制深化设计、加工制作运输、现场吊装、测量、连接等施工技术。

（3）工程概况：包括工程的建设概况、设计概况、施工范围、构件生产厂商、现场条件、工程施工特点等，同时针对工程重点、难点提出解决措施。

（4）工程目标：工程的工期、质量、安全生产、文明施工以及职业健康安全管理、科技进步和创优目标、服务目标等，对各项目标进行内部责任分解。

（5）施工组织与部署：要以图表等形式列出项目管理组织机构图并说明项目管理模式、项目管理人员配备、职责分工和项目劳务队安排；要概述工程施工区段的划分、施工顺序、施工任务划分、主要施工技术措施等。

（6）施工准备：概述施工准备工作组织、时间安排、技术准备、资源准备、现场准备等。技术准备包括规范标准准备、图纸会审及构件拆分准备、施工过程设计与开发、检验批的划分、配合比设计、定位桩接收和复核、施工方案编制计划等。

资源准备包括：机械设备、劳动力、工程用材、周转材料、资源组织等。

现场准备包括：现场准备任务安排、现场准备内容的说明等。

（7）施工总平面布置：结合工程实际，说明总平面图编制的约束条件，分阶段说明现场平面布置图的内容，并阐述施工现场平面布置管理内容。

在施工现场平面布置策划中，除需要考虑生活办公设施、施工便道、堆场等临时建筑布置外，还应根据工程预制构件种类、数量、最大重量、位置等因素结合工程运输条件，设置构件专用堆场及道路；PC 构件堆场设置需满足预制构件堆载重量、堆放数量，结合方便施工、垂直运输设备吊运半径及吊重等条件进行设置，构件运输道路设置应能够满足构件运输车辆载重、转弯半径、车辆交汇等要求。

（8）施工技术方案：根据施工组织与部署中所采取的技术方案，对本工程的施工技术进行相应的叙述，并对施工技术的组织措施及其实施、检查改进、实施责任划分进行叙述。在装配式建筑施工组织设计技术方案中，除包含传统基础施工、现浇结构施工等施工方案外，应对 PC 构件生产方案、运输方案、堆放方案、外防护方案进行详细叙述。

（9）相关保证措施：包括质量保证措施、安全生产保证措施、文明施工环境保护措施、应急响应措施、季节施工措施、成本控制措施等。

5.1.2　施工组织安排

1. 总体安排

根据工程总承包合同、施工图纸及现场情况，将工程划分为：基础及地下室结构施工阶段、地上结构施工阶段、装饰装修施工阶段、室外工程施工阶段、系统联动调试及竣工验收阶段。

以装配式高层住宅建筑为例，工程施工阶段总体安排是，塔楼区（含地下室）组织顺序向上流水施工，地下室分三段组织流水施工。工序安排上以桩基础施工→地下室结构施工→塔楼结构施工→外墙涂料施工→精装修工程施工→系统联合调试→竣工验收为主线，按照节点工期确定关键线路，统筹考虑自行施工与业主另行发包的专业工程的统一、协调，合理安排工序搭接及技术间歇，确保完成各节点工期。

2. 分阶段安排

（1）基础及地下室施工阶段：根据工程特点、后浇带位置以及施工组织需要进行施工区段划分，地下室结构施工阶段划分为 N 个区域进行施工，N 个区组织独立资源平行施工。

（2）主体结构施工阶段：根据地上塔楼及工业化施工特点进行区段划分，地上结构施工分为塔楼转换层以下结构施工阶段和转换层以上结构施工阶段。各塔楼再根据工程量、施工缝、作业队伍等划分施工流水段。

（3）竣工验收阶段：竣工验收阶段的工作任务主要包含系统联动调试、竣工验收及资料移交。

5.1.3 施工平面布置

施工场地布置，首先应进行起重机械选型，根据起重机械类型进行施工场地布局和场内道路规划，再根据起重机械以及道路的相对关系确定构件堆场位置。装配式建筑与传统建筑施工场区布置相比，影响塔式起重机选型的因素有了一定变化，主要因素是增加了构件吊装工序，影响起重机对施工流水段及施工流向的划分，如图 5-1 和图 5-2 所示。由于预制构件运输的特殊性，需对运输道路坡度及

图 5-1 现浇施工场地布置图

图 5-2 装配式施工场地布置图

转弯半径进行控制，并依照塔式起重机覆盖情况，综合考虑构件堆场布置。预制构件堆场的布置原则是：预制构件存放受力状态与安装受力状态一致。

1. 影响施工场地的因素

施工场地平面布置的重点既要考虑满足现场施工需要的材料堆场，又要为预制构件吊装作业预留场地，因此不宜在规划的预制构件吊装作业场地设置临时水电管线、钢筋加工场等临时设施。吊装构件堆放场地要以满足 1 天施工需要为宜，同时为以后的装修作业和设备安装预留场地，因此需合理布置塔吊和施工电梯位置，满足预制构件吊装和其他材料运输。

在装修施工和设备安装阶段将有大量的分包单位将进场施工，此阶段的设备和材料堆场布置，应按照施工进度计划要求，满足后续材料、设备的堆放。

根据最重预制构件重量及其位置进行塔式起重机选型，使得塔式起重机能够满足最重构件起吊要求；根据其余各构件重量、模板重量、混凝土吊斗重量及其与塔式起重机相对关系对已经选定的塔式起重机进行校验；根据预制构件重量与其安装部位相对关系进行道路布置与堆场布置。

2. 预制构件吊装平面布置要求

（1）施工道路宽度需满足构件运输车辆的双向开行及卸货吊车的支设空间；道路平整度和路面强度需满足吊车吊运大型构件时的承载力要求。

（2）对于 21m 货车，路宽宜为 6m，转弯半径宜为 20m，可采用装配式预制混凝土铺装路面或者钢板铺装路面。

（3）构件存放场地的布置宜避开地下车库区域，以免对车库顶板施加过大临时荷载，当采用地下室顶板作为堆放场地时，应对承载力进行计算，必要时应进行加固处理。

（4）墙板、楼面板等重型构件宜靠近塔吊中心存放，阳台板、女儿墙等较轻构件可存放在起吊范围内的较远处。

（5）各类构件宜靠近且平行于临时道路排列，便于构件运输车辆卸货到位和施工中按顺序补货，避免二次倒运。

（6）不同构件堆放区域之间宜设宽度为 0.8～1.2m 的通道。将预制构件存放位置按构件吊装位置进行划分，并用黄色油漆涂刷分隔线，并在各区域标注构件类型，存放构件时一一对应，提高吊装的准确性，便于堆放和吊装。

（7）构件存放宜按照吊装顺序及流水段配套堆放。

5.2　施工组织与管理

5.2.1　施工进度管理

装配式混凝土建筑项目应最大限度地采用设计、生产、施工一体化的组织管理模式，进而能从根本上控制施工进度，提升管理水平和工程效率。

1. 项目进度管控

项目的进度管控内容，应从设计、生产、施工等各环节统筹考虑，充分发挥

EPC 总承包的优势。项目的进度管控，要从进度的事前控制、事中控制、事后控制等方面进行，形成计划、实施、调整（纠偏）的完整循环。

（1）进度的事前控制，主要是在设计、生产阶段提前介入。要确定工期目标、编制项目实施总进度计划及相应的分阶段（期）计划、相应的施工方案和保障措施。其中重点是明确设计的出图时间节点和施工进度计划的编制。

（2）进度的事中控制，主要是审核计划进度与实际进度的差异，并进行工程进度的动态管理，即分析进度差异的原因，提出调整的措施和方案，相应调整施工进度计划、资源供应计划。对于装配式混凝土工程，施工中应重点观察起重吊装机械的运行效率、构件安装效率等，并与计划和企业定额进行对比。

（3）进度的事后控制，主要是当实际进度与计划进度发生偏差时，在分析原因的基础上应制定保证总工期不突破的措施；制定总工期突破后的补救措施；调整施工计划，并组织相应的协调配套设施和保障措施。

2. 项目进度协调

（1）设计协调：设计是构件生产的前提，构件生产是现场施工安装的前提。所以，装配式混凝土建筑，要统一协调管理，以期高效。设计阶段的出图时间和设计质量直接影响到构件深化设计和工厂的生产准备，从而影响工程整体进度。对设计的进度要求一般在项目策划阶段，就同工程总进度计划一起予以明确。构件厂、施工现场技术人员应与设计人员紧密联系，必要时应召开协调会。

（2）构件生产协调：在工程总进度计划确定之后，施工单位应排出构件吊装计划，并要求构件厂排出构件生产计划。现场施工人员应同构件厂紧密联系，了解构件生产情况，并根据现场场地情况考虑构件存放量。

（3）现场准备协调：构件进场前，施工单位应与构件厂商定每批构件的具体进场时间及进场次序。构件进场应充分考虑构件运输的限制因素，确定场内外行车路线。

3. 工序穿插作业

在施工过程中针对不同工序组织穿插作业，是装配式建筑的最大优势。施工中应与当地行政主管部门进行沟通，采取主体结构分段验收的形式，提前进行装饰装修施工的穿插，实现多作业面同时有序施工，对于提高项目的整体效率和效益十分明显。

5.2.2　施工现场管理

1. 构件吊装进度安排

以装配式剪力墙结构的标准层构件吊装进度安排为例：标准工期为 5 天一层，综合考虑前期装配施工，装配工人安装熟练程度，前 2～3 层装配施工按 6 天一层施工，待装配工人装配工序熟练后，可按 5 天一层施工。标准层流水作业计划见表 5-1。

2. 典型施工作业穿插安排

表 5-2 以某工程项目进行的循环穿插流水作业安排为例：N-1～N-3 为混凝土结构施工阶段；N-4～N-7 为二次结构施工阶段；N-8～N-12 为装修施工阶段。

装配式建筑标准层流水施工作业计划表（五天一层）

表5-1

资源	第一天			第二天			第三天			第四天			第五天		
	7:00~12:00	13:00~18:00	晚上	7:00~12:00	13:00~18:00	晚上	7:00~12:00	13:00~18:00	晚上	7:00~12:00	13:00~18:00	晚上	7:00~12:00	13:00~18:00	晚上
塔吊	吊装核心筒部位钢筋、墙板斜支撑（10:00开始）	吊外墙板（20min/块，计15块）	吊运钢筋、模板、斜支撑等材料	吊外墙板（20min/块，计15块）	吊内墙板（20min/块，计15块）	吊竖向支撑	预制构件卸车	预制构件卸车	预制构件卸车	吊叠合梁、板（梁10min/根，计15根；板15min/块，计10块）	吊叠合板（15min/块，计10块；楼梯20min/跑；阳台板12min/块）	吊水电管线	吊叠合层钢筋	预制构件卸车	预制构件卸车
测量人员	测量放线														
构件安装工	预支墙板安装			预支墙板安装	预支墙板安装					叠合板、梁安装	叠合板、阳台、楼梯安装				
塞缝工			塞缝		塞缝										
灌浆工					灌浆		灌浆								
钢筋工	定位钢筋校正	绑扎核心筒部位纵向钢筋			绑扎现浇节点部位钢筋								叠合层钢筋绑扎	钢筋隐蔽验收（60min）	
水电工			核心筒部位水电管线安装									水电管线安装			
木工				核心筒部位隐蔽验收、封模		现浇节点部位隐蔽验收、封模	搭设竖向支撑	搭设竖向支撑							
混凝土工														浇筑混凝土	

注：
1. 本流水施工期以标准层预制外墙板30块、内墙板15块、叠合梁15根、叠合板20根、叠合阳台板9块为例；
2. 本例考虑使用塔吊将预制构件从运输车卸至堆场；
3. 本标准层流水作业未考虑天气等不利因素，如遇天气等不利因素影响工期顺延。

工程项目施工作业穿插安排表 表 5-2

楼层	工作内容					
	结构	土建装修	机电安装	木工作业	腻子、油漆	专业分包
N	结构施工		预留预埋			
N-1	拆模、梁板顶支撑保留、瑕疵处理、外墙修补					
N-2	叠合梁板顶支撑拆除周转、PC斜支撑拆除周转、室内打磨、清洁	螺杆眼封堵				
N-3	现浇梁板顶支撑拆除周转（铝模竖向支撑体系）	反坎施工、保温砂浆施工、层间止水	线管排堵			
N-4		厨、卫间吊顶	室外排水立管、雨水管安装（一次装三层）			轻质隔墙安装
N-5		外窗框塞缝	室内排水立管安装（一次装四层）电管穿线			轻质隔墙安装 外窗玻璃安装、外墙腻子、PC打胶
N-6			室内水平水管安装及打压试验			外墙底漆、PC打胶、阳台栏杆、外围护栏杆、楼梯栏杆安装
N-7	厨卫间结构蓄水试验	公共区域桥架安装				轻质隔墙板缝处理、厨卫防水、厨卫间二次蓄水试验
N-8		土建整改、精装修放线				入户门框、防火门安装、玻璃及窗扇安装
N-9				天棚吊顶、户内门基层、厨卫间地砖安装	腻子、打磨（含公共区域）	

85

续表

楼层	工作内容					
	结构	土建装修	机电安装	木工作业	腻子、油漆	专业分包
N-10		墙地砖、窗台石、门槛石、阴阳角修复（含公共区域）			底漆、第一遍面漆（含公共区域）	铝扣板/厨柜柜体、厨柜台面/淋浴屏
N-11			灯具、洁具、排气扇		第二遍面漆（含公共区域）	
N-12			插座、面板、打胶			厨具、户内门、木地板、柜体安装、入户门扇安装

3. 工期保障措施

（1）管理保证：依据招标文件要求编排合理的总进度计划。以整个工程为对象，综合考虑各方面的情况，对施工过程作出战略性部署，确定主要施工阶段的开始时间及关键线路、工序，明确施工主攻方向。同时编制所有施工专业的分部、分项工程进度计划，在工序的安排上服从施工总进度计划的要求和规定，时间安排上留有一定余地，确保施工总目标的实现。

（2）资源保证：装配式混凝土结构施工现场所需人工数量少于传统现浇结构，但工人的质量需求有所提高。特别是关键工序的操作工人（如构件安装、灌浆等），应具备相应的知识和过硬的技能水准，因此，施工现场应保证此类工人相对固定，并做好工人的培训和交底工作，提高工人素质。

（3）经济保证：严格执行预算管理，施工准备期间要编制项目全过程现金流量表，预测项目的现金流，对资金做到平衡使用，以丰补缺，避免资金的无计划管理。严格执行专款专用制度，建立专门的工程资金账户，随着工程各阶段控制日期的完成，及时支付各专业分包的劳务费用，充分保证劳动力、机械、材料的及时进场。

5.2.3　劳动力组织管理

劳动力组织管理是指在施工过程中按照项目特点和目标要求，合理地组织、高效率地使用和管理劳动力，并按项目进度的需要不断调整劳动量、劳动力组织及劳动协作关系。装配式建筑的施工在劳动力组织管理与传统的劳动力组织管理有很大不同，主要区别在于：传统的劳动力组织管理是依靠劳务市场的劳务工人输出，劳务工人技能素质普遍偏低，现场对劳务工人处于松散管理状态，难以实现高效的组织管理；而装配式建筑的劳动力组织管理是依靠专业化施工队伍和产业工人，在组织管理方式上发生了很大变化，尤其是在施工工种方面不仅减少了一些工种，同时也增加了新的工种，如：构件堆放管理员、信息管理员、构件安装工、灌浆工等工种。

1. 构件堆放人员管理

施工现场应设置构件堆放专职人员来负责对已进场构件的堆放、储运管理工作。构件堆放专职人员应建立现场构件堆放台账，进行构件收、发、储、运等环节的管理，对预制构件进行分类有序堆放。同类预制构件应采取编码使用管理，防止装配过程出现错装问题。为保障装配建筑施工工作的顺利开展，确保构件使用及安装的准确性，防止构件装配出现错装、误装或难以区分构件等问题，不宜随意更换构件堆放专职人员。

2. 吊装作业人员管理

装配整体式混凝土结构在构件施工中，需要进行大量的吊装作业，吊装作业的效率将直接影响到工程施工的进度，吊装作业的安全将直撞影响到施工现场的安全文明管理。吊装作业班组一般由班组长、吊装工、测量放线工、司索工等组成。通常一个吊装作业班组的组成，见图5-3。

3. 套筒灌浆作业人员管理

套筒灌浆作业施工由若干班组组成，每组应不少于两人，一人负责注浆作业，一人负责调浆及灌浆溢流孔封堵工作。

4. 劳动力组织技能培训

根据装配式混凝土结构工程的管理和技术特点，要对管理和作业人员进行专项培训，建立完善的内部培训和考核机制，切实提高职业技能和素质。专项培训的主要环节有：

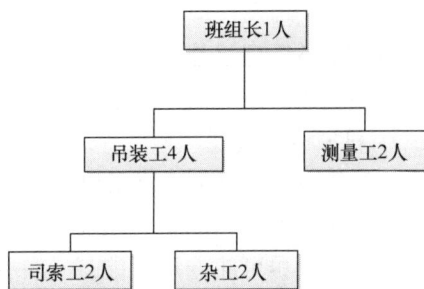

图5-3 吊装作业班组配置图

（1）吊装工序施工作业前，应对工人进行专门的吊装作业安全意识培训。构件安装前应对工人进行构件安装专项技术交底，确保构件安装质量一次到位。

（2）灌浆作业施工前，应对工人进行专门的灌浆作业技能培训，模拟现场灌浆施工作业流程，提高注浆工人的质量意识和业务技能，确保构件灌浆作业的施工质量。

5.2.4 材料与预制构件管理

1. 材料、预制构件管理

施工材料、预制构件管理是从施工准备到项目竣工交付全过程中所进行的对施工材料和预制构件的采购、运输、保管、使用、回收等环节的相关管理工作。主要包括以下内容：

（1）根据现场施工所需的数量、构件型号，提前通知供货厂家按照提供的构件生产和进场计划组织好运输，有序地运送到现场。

（2）采用的灌浆料、套筒等材料的规格、品种、型号和质量必须满足设计和有关规范、标准的要求，坐浆料和灌浆料应提前进场取样送检，避免影响后续施工。

（3）预制构件的尺寸、外观、钢筋等，必须满足设计和有关规范、标准的要求。

（4）外墙装饰类构件、材料应符合现行国家规范和设计的要求，同时应符合经业主批准的材料样板的要求，并应根据材料的特性、使用部位来进行选择。

（5）建立管理台账，进行材料收、发、储、运等环节的技术管理，对预制构件进行分类有序堆放。此外同类预制构件应采取编码使用管理，防止装配过程中出现位置错装问题。

2. 材料、工装的质量控制与管理

为了满足工程施工要求，在工程施工阶段应编制材料、工装系统需用计划，同时根据施工进度的要求，项目施工中各分项工程的管理人员还要编制月、周的材料、工装物资需用量的进场计划。项目组织工作应安排各种材料、工装系统进场的搬运、存储、保管及分发。

5.2.5　机械设备管理

机械设备管理就是对机械设备全过程的管理，即从选购机械设备开始，经过投入使用、磨损、补偿，直至报废退出生产领域为止的全过程的管理。

1. 机械设备选型

施工机械设备选型应满足以下原则：施工机械与建设项目的实际情况相适应；尽量选用生产效率高的机械设备；选用性能优越稳定、安全可靠、操作简单方便的机械设备；尽可能选用低能耗、易保养维修的施工机械设备；选用的施工机械的各种安全防护装置要齐全、灵敏可靠。施工机械设备选型依据主要是：

（1）工程的特点：根据工程平面分布、长度、高度、宽度、结构形式等确定设备选型。

（2）工程量：充分考虑建设工程需要加工运输的工程量大小，决定选用的设备型号。

（3）施工项目的施工条件：现场道路条件、周边环境条件、现场平面布置条件等。

（4）施工机械需用量的计算。

2. 吊运设备的选型

装配整体式混凝土结构，一般情况下采用的预制构件体型重大，人工很难对其加以吊运安装作业，通常情况下我们需要采用大型机械吊运设备完成构件的吊运安装工作。吊运设备分为移动式汽车起重机和塔式起重机，如图 5-4 所示。在实际施工过程中应合理地使用两种吊装设备，使其优缺点互补，以便于更好地完成各类构件的装卸运输吊运安装工作，取得最佳的经济效益。

（1）移动式汽车起重机选择

在装配整体式混凝土结构施工中，对于吊运设备的选择，通常会根据设备造价、合同周期、施工现场环境、建筑高度、构件吊运质量等因素综合考虑确定。一般情况下，在低层、多层装配整体式混凝土结构施工中，预制构件的吊运安装作业通常采用移动式汽车起重机，当现场构件需二次倒运时，可采用移动式汽车起重机。

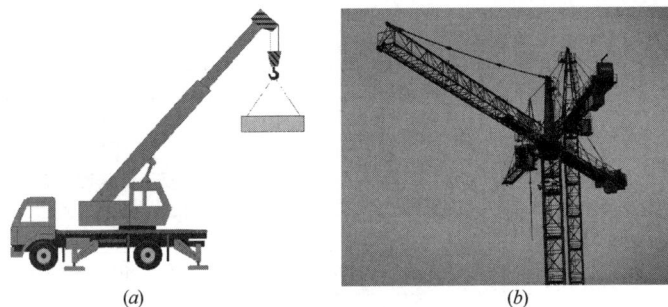

图 5-4 吊运设备示意图
（a）移动式汽车起重机；（b）塔式起重机

（2）塔式起重机选择

塔式起重机选型首先取决于装配整体式混凝土结构的工程规模，如小型多层装配整体式混凝土结构工程，可选择小型的经济型塔式起重机，高层建筑的塔式起重机选择，宜选择与之相匹配的起重机械，因垂直运输能力直接决定结构施工速度的快慢，要对不同塔式起重机的差价与加快进度的综合经济效果进行比较，要合理选择。

5.3 构件装配化施工

5.3.1 装配式混凝土结构施工流程

装配式混凝土结构是由水平受力构件和竖向受力构件组成，构件采用工厂化生产，在施工现场进行装配，通过后浇混凝土连接形成整体结构，结构形式主要有装配式混凝土剪力墙结构、装配式混凝土框架结构。结构形式不同施工流程也有很大差异。

1. 装配式混凝土框架结构施工流程

装配式混凝土框架结构竖向部件主要是预制柱，水平构件是预制梁、预制（叠合）楼板。其中柱子竖向钢筋主要通过灌浆套筒连接方式进行连接。

装配式混凝土框架结构，按照标准楼层的施工流程简单表述是：预制柱（墙）吊装→预制梁吊装→预制板吊装→预制外挂板吊装→预制阳台板吊装→楼梯吊装→现浇结构工程及机电配管施工→现浇混凝土施工。其中预制楼梯也可在现浇混凝土施工完毕拆模后进行吊装。

2. 装配式混凝土剪力墙结构施工流程

装配式混凝土剪力墙结构竖向部件主要是预制剪力墙，水平构件是预制梁、预制（叠合）楼板。其中竖向结构钢筋主要通过灌浆套筒连接、浆锚连接、焊接等方式进行连接，墙底坐浆或灌浆。水平方向主要由后浇混凝土段连接，后浇段一般位于边缘构处。后浇混凝土段里面钢筋通过机械套筒连接、绑扎连接、焊接等方式连接。下面以装配式混凝土剪力墙结构的标准层为例简述施工流程，如图5-5所示。

清理安装基础

结构弹线

内墙、外墙封堵条固定
与坐浆料铺设

内墙、外墙构件底部垫片安装

内墙、外墙构件吊装
（先吊装外墙、后吊装内墙）

内墙、外墙构件装配施工

外墙、内墙构件固定、
校正、连接

PCF板吊装、固定、校正

内墙、外墙构件连接节点处钢筋
绑扎（核心筒墙体）及管线敷设

接缝周边封堵

内墙、外墙构件连接
节点处套筒灌浆

现浇连接节点模板支设

预制构件脱模验收

预制构件检查编号

预制构件进场弹控制线
（外墙板、内墙板）

预制构件吊装准备

防护体系的搭设

连接节点处混凝土浇筑

搭设装配支撑
（独立支撑）

清理支座面

叠合板、阳台、楼梯等构件吊装

叠合板、阳台、楼梯等
构件固定、校正

封堵叠合板、阳台构件接缝
（叠合板之间采用吊模封堵）

叠合板、阳台、楼梯等构件装配施工

预埋机电管线

布置对接处配筋、附加配筋

布置上层分布筋

叠合板混凝土浇筑施工

预制构件检查编号
（叠合板、阳台板、楼梯）

预制构件吊装准备
（叠合板、阳台板、楼梯）

防护体系的搭设
（阳台板防护体系）

预制楼梯灌浆施工

待混凝土强度满足
要求拆除装配支撑

外墙板缝处理

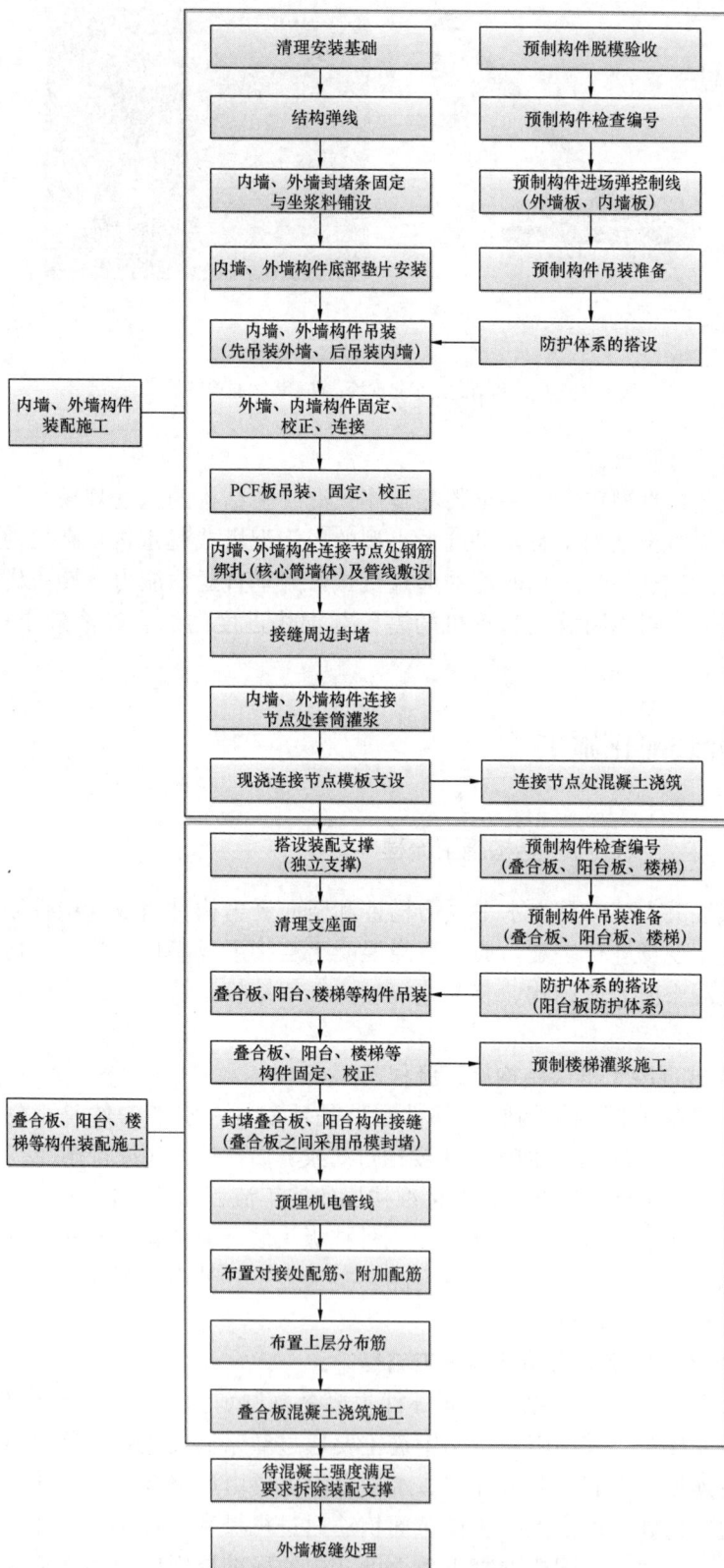

图 5-5　整体装配式混凝土剪力墙结构施工程序框图

5.3.2 构件安装施工

1. 安装前准备

装配式混凝土结构的特点之一就是有大量的现场吊装工作，其施工精度要求高，吊装过程安全隐患较大。因此，在预制构件正式安装前必须做好完善的准备工作，如制定构件安装流程，预制构件、材料、预埋件、临时支撑等应按国家现行有关标准及设计验收合格，并按施工方案、工艺和操作规程的要求做好人、机、料的各项准备，方能确保优质高效安全的完成施工任务。

（1）技术准备

1）预制构件安装施工前，应编制专项施工方案，并按设计要求对各工况进行施工验算和施工技术交底。

2）安装施工前对施工作业工人进行安全作业培训和技术交底。

3）吊装前应合理安排吊装顺序，结合施工现场情况满足先外后内、先低后高的原则，绘制吊装作业流程图，方便吊装机械行走。

4）根据施工组织设计要求划定危险作业区域，在主要施工部位、作业点、危险区、都必须设置醒目的警示标志。

（2）现场条件准备

1）检查构件的套筒或浆锚孔是否堵塞并清理。用手电筒补光检查，发现异物用气体或钢筋将异物清除。

2）清理构件连接部位的浮灰和杂物。

3）对于柱子、剪力墙板等竖直构件，安好调整标高的支垫，准备好斜支撑等部件。

4）对于叠合楼板、梁、阳台板、挑檐板等水平构件，架立好竖向支撑。

5）伸出钢筋采用机械套筒连接时，须在吊装前在伸出钢筋端部套上套筒。

6）外挂墙板安装节点连接部件的准备，如果需要水平牵引，牵引葫芦吊点设置、工具准备等。

7）检验预制构件质量和性能是否符合现行国家规范要求。

8）所有构件吊装前应做好截面控制线，方便吊装过程中调整和检验，有利于质量控制。

9）安装前，复核测量放线及安装定位标识。

（3）机具及材料准备

1）熟悉掌握起重机械吊装参数及相关说明（吊装名称，数量、单件质量、安装高度等参数），并检查起重机械性能。

2）安装前应对起重机械设备进行试车检验并调试合格。

3）根据预制构件形状、尺寸及重量要求选择适宜的吊具，尺寸较大或形状复杂的构件应设置分配梁或分配桁架的吊具，并应保证吊车主钩位置、吊具及构件重心在竖直方向重合。

4）准备牵引绳等辅助工具、材料，并确保其完好性，特别是绳索是否有破损，吊钩卡环是否有问题等。

5）准备好灌浆料、灌浆设备、工具，调试灌浆泵。

2. 预制墙板安装

（1）墙板安装流程

基础清理及定位放线→封浆条及垫片安装→预制墙板吊运→预留钢筋插入就位→墙板调整校正→墙板临时固定→砂浆塞缝→PCF 板吊装固定→连接节点钢筋绑扎→套筒灌浆→连接节点封模→连接节点混凝土浇筑→接缝防水施工。

（2）墙板安装要求

1）预制墙板安装应设置临时斜撑，每件预制墙板安装过程的临时斜撑应不少于 2 道，临时斜撑宜设置调节装置，支撑点位置距离底板不宜大于板高的 2/3，且不应小于板高的 1/2，斜支撑的预埋件安装、定位应准确。

2）预制墙板安装时应设置底部限位装置，每件预制墙板底部限位装置不少于 2 个，间距不宜大于 4m。

3）临时固定措施的拆除应在预制构件与结构可靠连接，且装配式混凝土结构能达到后续施工要求后进行。

4）预制墙板安装过程应符合以下要求：构件底部应设置可调整接缝间隙和底部标高的垫块；钢筋套筒灌浆连接、钢筋锚固搭接连接灌浆前应对接缝周围进行封堵；墙板底部采用坐浆时，其厚度不宜大于 20mm；墙板底部应分区灌浆，分区长度 1~1.5m。

5）预制墙板校核与调整应符合以下要求：预制墙板安装垂直度应满足外墙板面垂直为主；预制墙板拼缝校核与调整应以竖缝为主、横缝为辅；预制墙板阳角位置相邻的平整度校核与调整，应以阳角垂直度为基准。

（3）墙板安装工艺

1）定位放线：在楼板上根据图纸及定位轴线放出预制墙体定位边线及 200mm 控制线，同时在墙体吊装前，在预制墙体上放出 500mm 水平控制线，便于预制墙体安装过程中精确定位（图 5-6）。

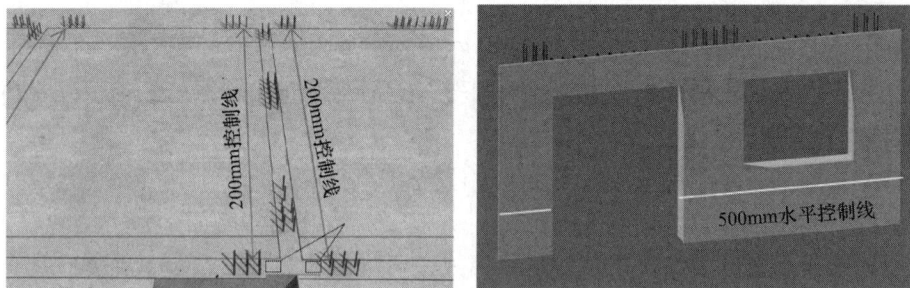

图 5-6　楼板及墙体控制线示意图

2）调整偏位钢筋：预制墙体吊装前，为保证构件安装效率和质量，使用定位框检查竖向连接钢筋是否偏位，针对偏位钢筋用钢筋套管进行校正，便于后续预制墙体精确安装，如图 5-7 所示。

3）预制墙体吊装就位：预制墙板吊装时，为了保证墙体构件整体受力均匀，采用专用吊梁，专用吊梁由 H 型钢焊接而成，根据各预制构件吊装时不同尺寸，不同的起吊点位置，设置模数化吊点，确保预制构件在吊装时吊装钢丝绳保持竖直。专用吊梁下方设置专用吊钩，用于悬挂吊索，进行不同类型预制墙体的吊装。专用吊梁、吊钩如图5-8所示。

预制墙体吊装过程中，距楼板面1000mm处减缓下落速度，由操作人员引导墙体降落，操作人员利用镜子，观察

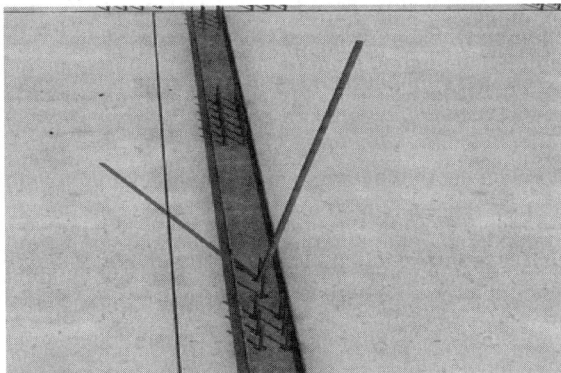

图5-7 钢筋偏位校正示意图

连接钢筋是否对孔，直至钢筋与套筒全部连接（预制墙体安装时，按顺时针依次安装，先吊装外墙板后吊装内墙板），操作工人使用镜子，便于预制墙体精确安装。

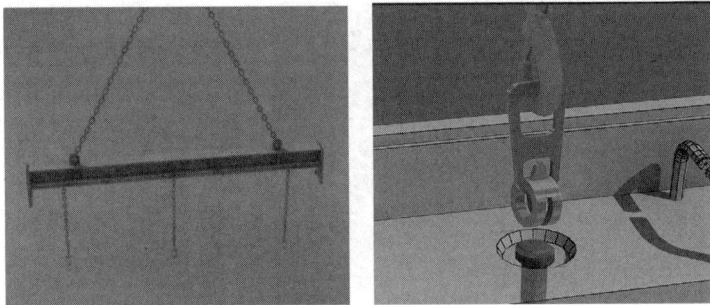

图5-8 预制墙体专用吊梁、吊钩示意图

4）安装斜向支撑及底部限位装置：预制墙体吊装就位后，先安装斜向支撑，斜向支撑用于固定调节预制墙体，确保预制墙体安装垂直度；再安装预制墙体底部限位装置七字码，用于加固墙体与主体结构的连接，确保后续灌浆与暗柱混凝土浇筑时不产生位移。墙体通过靠尺校核其垂直度，确保构件的水平位置及垂直度均达到允许误差5mm之内，相邻墙板构件平整度允许误差±5mm，最后固定斜向支撑及七字码。垂直度校正及支撑安装如图5-9所示。

图5-9 垂直度校正及支撑安装示意图

3. 预制柱安装

（1）安装施工流程：预制柱进场验收→标高找平→竖向预留钢筋校正→预制柱吊装→柱安装及校正→灌浆施工。

（2）预制柱安装应符合下列要求：

1）安装前应校核轴线、标高以及连接钢筋的数量、规格、位置。

2）预制柱安装就位后，在两个方向应采用可调的斜撑作临时固定，并进行垂直度调整以及在柱子四角缝隙处加塞垫片。

3）预制柱的临时支撑，应在套筒连接器内的灌浆料强度达到设计要求后拆除，当设计无具体要求时，混凝土或灌浆料应达到设计强度的 75% 以上方可拆除。

（3）主要安装工艺：

1）标高找平：预制柱安装施工前，通过激光扫平仪和钢尺检查楼板面平整度，用铁制垫片使楼层平整度控制在允许偏差范围内。

2）竖向预留钢筋校正：根据所弹出柱线，采用钢筋限位框，对预留插筋进行位置复核，确保预制柱连接的质量。

3）预制柱吊装：预制柱吊装采用慢起、快升、缓放的操作方式。塔吊缓缓持力，将预制柱吊离存放架，然后快速运至预制柱安装施工层。在预制柱就位前，应清理柱安装部位基层，然后将预制柱缓缓吊运至安装部位的正上方。

图 5-10　预制柱斜支撑安装示意图

4）预制柱的安装及校正：塔吊机将预制柱下落至设计安装位置，下一层预制柱的竖向预留钢筋与预制柱底部的套筒全部连接，吊装就位后，立即加设不少于 2 根的斜支撑对预制柱临时固定，如图 5-10 所示，斜支撑与楼面的水平夹角不应小于 60°。

5）灌浆施工：灌浆作业应按产品要求计量灌浆料和水的用量并搅拌均匀，搅拌时间从开始加水到搅拌结束应不少于 5min，然后静置 2～3min；每次拌制的灌浆料拌合物应进行流动度的检测，且其流动度应符合设计要求。搅拌后的灌浆料应在 30min 内使用完毕。

4. 预制梁安装

（1）施工流程：预制梁进场验收→按图放线→设置梁底支撑→预制梁起吊→预制梁就位微调→接头连接。

（2）预制梁安装应符合下列要求：

1）梁吊装顺序应遵循先主梁后次梁，先低处后高处的原则。

2）预制梁安装就位后应对水平度、安装位置、标高进行检查。

3）梁安装时，主梁和次梁伸入支座的长度应符合设计要求。

4）预制次梁与预制主梁之间的凹槽应在预制楼板安装完成后，采用不低于预制梁混凝土强度等级的材料填实。

5）梁吊装前柱核心区内先安装一道柱箍筋，梁就位后再安装两道柱箍筋，之后才可进行梁、墙吊装，以保证柱核心区质量。

6）梁吊装前应将所有梁底部标高进行统计，有交叉部分梁吊装方案，应根据先低后高原则进行施工。

（3）主要安装工艺：

1）定位放线：用水平仪测量并修正柱顶与梁底标高，确保标高一致，然后在柱上弹出梁边控制线。

2）支撑架搭设：梁底支撑采用"钢立杆支撑＋可调顶托"，可调顶托上铺设长×宽为100mm×100mm木方，预制梁的标高通过支撑体系的顶丝来调节。

临时支撑位置应符合设计要求；设计无要求时，长度小于等于4m时应设置不少于2道垂直支撑，长度大于4m时应设置不少于3道垂直支撑。

叠合梁应根据构件类型、跨度来确定后浇混凝土支撑件的拆除时间，强度达到设计要求后方可承受全部设计荷载。

3）预制梁吊装：预制梁一般用两点吊，预制梁两个吊点分别位于梁顶两侧距离梁两端 $0.2L$ 位置（L 为梁长），由生产构件厂家预留。

4）预制梁微调定位：当预制梁初步就位后，两侧借助柱上的梁定位线将梁精确校正。梁的标高通过支撑体系的顶丝来调节，调平同时需将下部可调支撑上紧，这时方可松去吊钩。

5）接头连接：混凝土浇筑前应将预制梁两端键槽内的杂物清理干净，并提前24h浇水湿润。

5. 叠合楼板安装

（1）施工安装流程：叠合板进场验收→放线→搭设板底独立支撑→叠合板吊装→叠合板就位→叠合板校正定位。

（2）叠合楼板安装应符合下列要求：

1）叠合板安装前应编制支撑方案，支撑架宜采用可调工具式支撑系统，架体必须有足够的强度、刚度和稳定性。

2）叠合板底支撑间距不应大于2m，每根支撑之间高差不应大于2mm、标高偏差不应大于3mm，悬挑板外端比内端支撑宜调高2mm。

3）叠合楼板安装前，应复核预制板构件端部和侧边的控制线以及支撑搭设情况是否满足要求。

4）叠合楼板安装应通过微调垂直支撑来控制水平标高。

5）叠合楼板安装时，应保证水电预埋管（孔）位置准确。

6）叠合楼板吊至梁、墙上方30～50cm后，应调整板位置使板锚固筋与梁箍筋错开，根据梁、墙上已放出的板边和板端控制线，准确就位，偏差不得大于2mm，累计误差不得大于5mm。板就位后调节支撑立杆，确保所有立杆全部受力。

7）叠合楼板吊装顺序依次铺开，不宜间隔吊装。在混凝土浇筑前，应校正预制构件的外露钢筋，外伸预留钢筋伸入支座时，预留筋不得弯折。

8）相邻叠合楼板间拼缝及预制楼板与预制墙板位置拼缝应符合设计要求并有防止裂缝的措施。施工集中荷载或受力较大部位应避开拼接位置。

（3）主要安装工艺：

1）定位放线：预制墙体安装完成后，由测量人员根据叠合楼板板宽放出独立支撑定位线，同时根据叠合板分布图及轴网，利用经纬仪在墙体上方出板缝位置定位线，板缝定位线允许误差±10mm，定位线如图5-11所示。

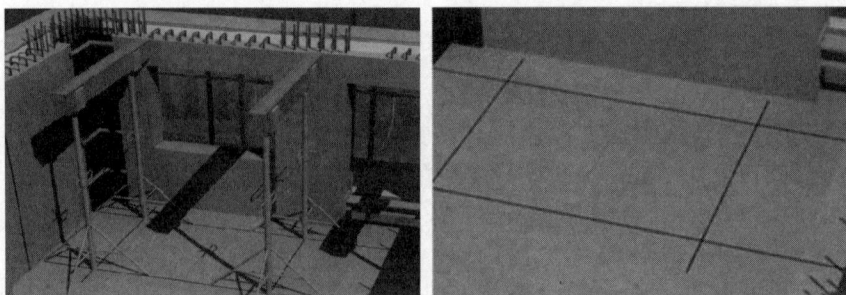

图 5-11　预制楼板定位线示意图

2）板底支撑架搭设：支撑架体应具有足够的承载能力、刚度和稳定性，应能可靠地承受混凝土构件的自重和施工过程中所产生的荷载及风荷载，支撑立杆下方应铺 50mm 厚木板。

确保支撑系统的间距及距离墙、柱、梁边的净距符合系统验算要求，上下层支撑应在同一直线上。在可调节顶撑上架设木方，调节木方顶面至板底设计标高，开始吊装预制楼板。

3）叠合楼板吊装就位：为了避免预制楼板吊装时，因受集中应力而造成叠合板开裂，预制楼板吊装宜采用专用吊架。

图 5-12　预制楼板吊装示意图

叠合板吊装过程中，在作业层上空 500mm 处减缓降落，由操作人员根据板缝定位线，引导楼板降落至独立支撑上。及时检查板底与预制叠合梁或剪力墙的接缝是否到位，预制楼板钢筋深入墙长度是否符合要求，直至吊装完成，如图 5-12 所示。

4）叠合楼板校正定位：根据预制墙体上水平控制线及竖向板缝定位线，校核叠合板水平位置及竖向标高情况，通过调节竖向独立支撑，确保叠合板满足设计标高要求；调节叠合板水平位移，确保叠合板满足设计图纸水平分布要求，如图 5-13 所示。

6. 预制楼梯安装

（1）施工安装流程：预制楼梯进场验收→放线→垫片及坐浆料施工→预制楼梯吊装→预制楼梯校正→预制楼梯固定。

（2）预制楼梯安装应符合下列要求：

1）预制楼梯安装前应复核楼梯的控制线及标高，并做好标记。

2）预制楼梯支撑应有足够的强度、刚度及稳定性，楼梯就位后调节支撑立杆，确保所有立杆全部受力。

3）预制楼梯吊装应保证上下高差相符，顶面和底面平行。

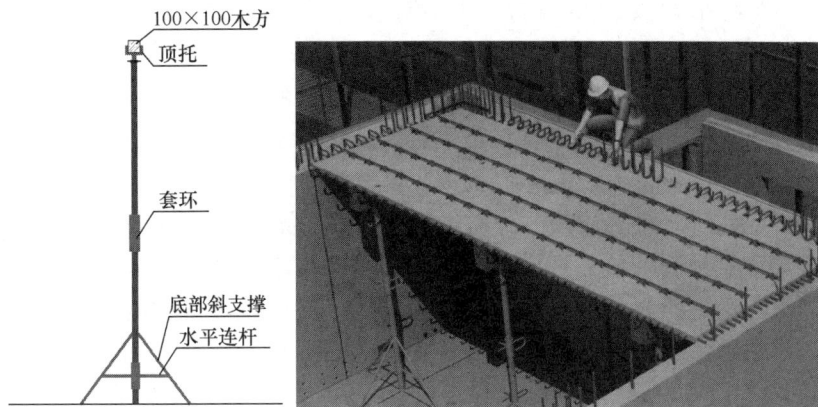

图 5-13 预制板调整定位示意图

4）预制楼梯安装位置准确，应采用预留锚固钢筋方式安装时，应先放置预制楼梯，再与现浇梁或板浇筑连接成整体，并保证预埋钢筋锚固长度和定位符合设计要求。

（3）主要安装工艺：

1）放线定位：楼梯间周边梁板叠合层混凝土浇筑完工后，测量并弹出相应楼梯构件端部和侧边的控制线，如图 5-14 所示。

2）预制楼梯吊装：预制楼梯一般采用四点吊，捯链下落就位后，调整索具铁链长度，使楼梯段休息平台处于水平位置，首先试吊预制楼梯板，检查吊点位置是否准确，吊索受力是否均匀等，试起吊高度不应超过 1m。待预制楼梯吊至梁上方 300～500mm 后，调整预制楼梯位置使上下平台锚固筋与梁箍筋错开，板边线基本与控制线吻合。最后根据已放出的楼梯控制线，将构件根据控制线精确就位，先保证楼梯两侧准确就位，再使用水平尺和捯链调节楼梯水平。如图 5-15 所示。

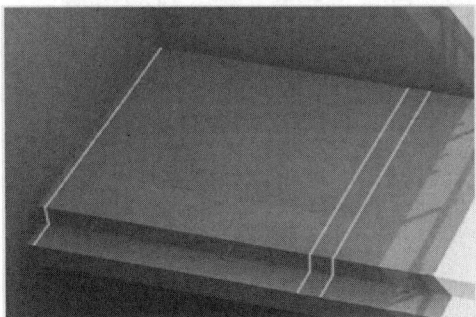

图 5-14 楼梯控制线示意图

图 5-15 预制楼梯吊装示意图

7. 外挂墙板安装

（1）施工安装流程：结构标高复核→预埋连接件复检→预制外挂板起吊及安装→安装临时承重铁件及斜撑→调整预制外挂板位置、标高、垂直度→安装永久连接件→吊钩解钩。

（2）预制外挂板安装应符合下列要求：

1）构件起吊时要严格执行"333 制"，即先将预制外挂板吊起距离地面 300mm 的位置后停稳 30s，相关人员要确认构件是否水平，如果发现构件倾斜，要停止吊装，放回原来位置重新调整，以确保构件能够水平起吊。另外，还要确认吊具连接是否牢靠，钢丝绳有无交错等。确认无误后，可以起吊，所有人员远离构件 3m 远。

2）构件吊至预定位置附近后，缓缓下放，在距离作业层上方 500mm 处停止。吊装人员用手扶预制外挂板，配合起吊设备将构件水平移动至构件吊装位置。就位后缓慢下放，吊装人员通过地面上的控制线，将构件尽量控制在边线上。若偏差较大，需重新吊起距地面 50mm 处，重新调整后再次下放，直到基本达到吊装位置为止。

3）构件就位后，需要进行测量确认，测量指标主要有高度、位置、倾斜。调整顺序建议是按"先高度再位置后倾斜"进行调整。

（3）主要安装工艺：

1）安装临时承重件：预制外挂板吊装就位后，在调整好位置和垂直度前，需要通过临时承重铁件进行临时支撑，铁件同时还起到控制吊装标高的作用，如图 5-16 所示。

2）安装永久连接件：预制外挂板通过预埋铁件与下层结构连接起来，连接形式为焊接及螺栓连接，如图 5-17 所示。

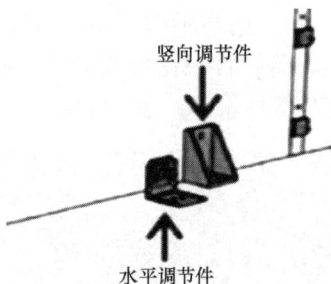

图 5-16 临时承重件安装示意图　　　　图 5-17 永久连接件安装示意图

（4）外墙板板缝防水处理：

1）预制外墙板连接接缝防水节点基层及空腔排水构造做法应符合设计要求。

2）预制外墙板外侧水平、竖直接缝的防水密封胶封堵前，侧壁应清理干净，保持干燥。嵌缝材料应与挂板牢固粘结，不得漏嵌和虚粘。

3）板缝防水密封胶的注胶宽度应大于厚度（图 5-18）并符合生产厂家要求，密封胶应在外墙板校核固定后嵌填，先安放填充材料，然后注胶，应均匀顺直，饱满密实，表面光滑连续。

4）为防止密封胶施工时污染板面，打胶前应在板缝两侧粘贴防污胶条，注意保证胶条上的胶不得转移到板面。

5）外墙板水平缝和垂直缝的"十"字缝处 300mm 范围内的防水密封胶注胶要一次完成，如图 5-19 所示。

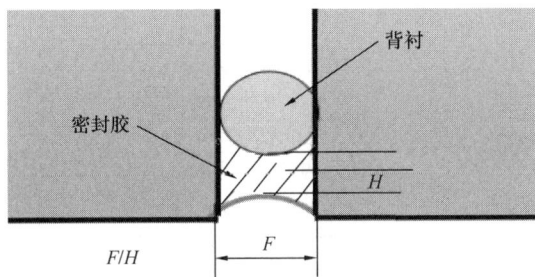

图 5-18　外墙板板缝打胶宽度示意图

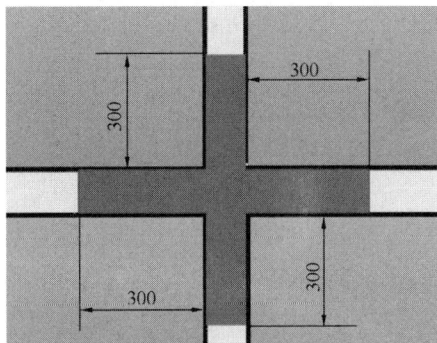

图 5-19　"十"字缝处 300mm 范围内注胶要一次完成

6）板缝防水施工 72 小时内要保持板缝处于干燥状态，禁止冬季气温低于 5℃或雨天进行板缝防水施工。

5.3.3　构件安装质量控制

装配式建筑与传统建筑的最主要区别在于装配构件体积大、安装精度高，安装阶段出现问题处理困难，甚至造成重大损失，因此安装前的准备工作要慎之又慎。

1. 装配施工前的质量控制要点

（1）预制墙板施工前必须进行钢筋套筒连接接头工艺检验，工艺检验必须在与施工同条件情况下制样，并标准养护 28 天。同时，预制墙板和现场安装都必须使用工艺检验合格的钢筋套筒、钢筋和配套材料，如果施工中更换则必须重新做工艺检验、套筒进场检验。

（2）对于采用钢筋灌浆套筒连接的装配式剪力墙结构，预制墙体连接转换部位预埋钢筋定位的准确性难度较大，也是直接影响预制墙板准确安装和施工进度的关键。必须提前编制详细可行的施工方案，设计制作可保证准确的措施工具。

（3）钢筋混凝土梁柱节点钢筋交错密集，节点空间小，很容易发生碰撞。因此，要在设计时即考虑好各种钢筋的关系，直接设计出必要的弯折；吊装方案要按拆分设计考虑吊装顺序，吊装时则必须严格按吊装方案控制先后。

2. 施工装配过程质量控制要点

（1）预制构件进场必须提前进行结构性能检验和实体检验，其规定如图 5-20 所示。

（2）装配整体式结构中预制构件和后浇混凝土的界面称为结合面。具体可为粗糙面或设置键槽两种形式（粗糙面见图 5-21、图 5-22，设置键槽见图 5-23），应详细复查其粗糙面（露骨料）是否达到规范和设计要求。

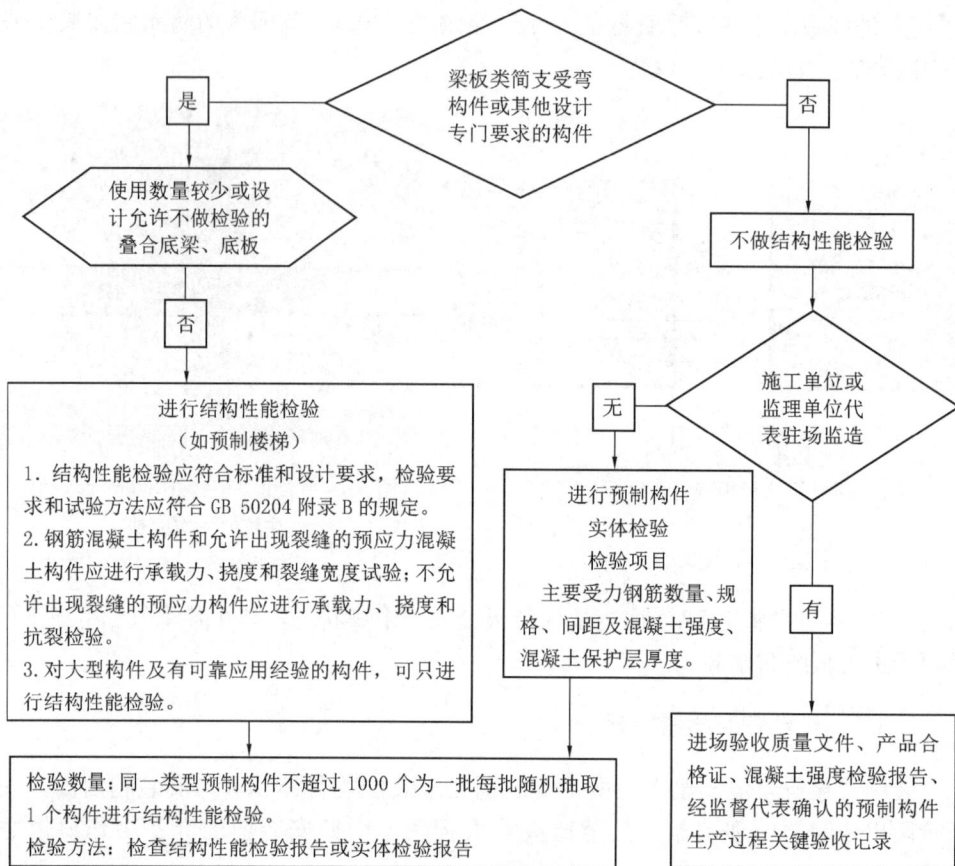

図 5-20 预制构件进场检验规定框图

図 5-21 预制墙板粗糙面（水洗露骨料）图

図 5-22 叠合板粗糙面（机械拉毛）图

図 5-23 预制梁端键槽示意图

5.4 构件连接施工

构件的连接施工主要是指装配式结构中相邻构件之间，通过可靠的连接技术和方式形成整体受力结构的连接施工。装配式建筑有三大种类，连接形式各有不同。钢结构连接形式有螺栓连接、铆钉连接、焊接、栓焊组合连接等。木结构连接形式有榫卯连接、齿连接、螺栓连接、钉连接、键连接等。下面主要以装配式混凝土结构连接为例。

预制混凝土构件的连接施工主要是指装配式混凝土结构中相邻构件之间，通过可靠的连接技术和方式形成整体受力结构的连接施工。其中主要的连接形式是受力钢筋的连接，以及相邻构件之间的缝隙采用后浇混凝土的连接。钢筋连接类型主要有套筒灌浆连接、直螺纹套筒连接、钢筋浆锚连接和螺栓连接。下面重点叙述钢筋灌浆套筒灌浆连接技术、现浇部位连接技术。

5.4.1 钢筋套筒灌浆连接技术

装配式混凝土结构构件的钢筋连接主要是采用钢筋套筒灌浆连接方式，套筒灌浆是将带肋钢筋插入内腔带沟槽的钢筋套筒，然后灌入专用高强、无收缩灌浆料，通过灌浆料的传力作用将钢筋与套筒连接形成整体，达到高于钢筋母材强度连接效果。

1. 钢筋灌浆套筒连接形式

（1）半灌浆套筒连接：半灌浆套筒连接形式是一端采用钢筋套丝机械连接，另一端插入钢筋灌浆连接。半灌浆接头主要用于预埋在预制构件中，因为其在预制构件模具及工装中能够有效的居中定位，故在装配式混凝土剪力墙结构中的剪力墙竖向钢筋连接中得到了普遍应用（图5-24）。

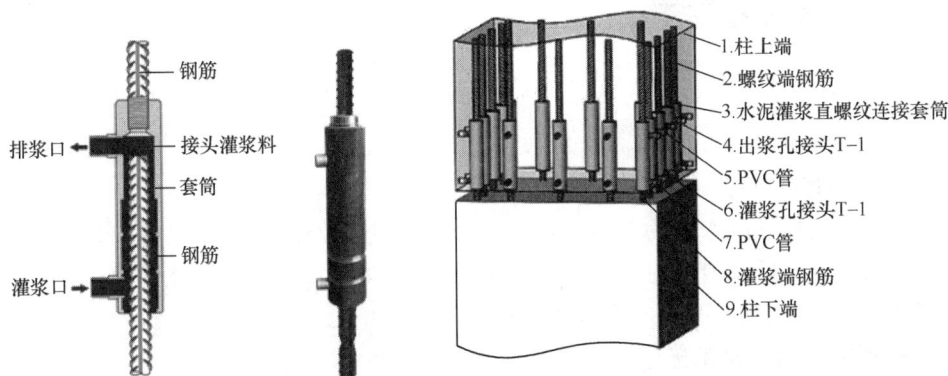

图 5-24　半套筒灌浆接头及应用示意图

半灌浆套筒连接可连接 HRB335 级和 HRB400 级带肋钢筋，连接钢筋直径范围为 $\phi12mm\sim\phi40mm$，机械连接段的钢筋丝头加工、连接安装、质量检查应符合现行行业标准《钢筋机械连接技术规范》JGJ 107 的有关规定。半灌浆连接的特点：

1）外径小，对剪力墙、柱都适用；

2）与全灌浆套筒相比，半灌浆套筒长度能显著缩短（约 1/3），现场灌浆工作量减少，灌浆难度明显降低；

3）工厂预制时，半灌浆钢套筒安装固定也比全灌浆套筒相对容易；

4）半灌浆套筒适应于竖向构件连接。

（2）全灌浆套筒连接：全灌浆套筒连接形式是钢筋从两端插入后灌浆，主要用于两个构件在后浇段的连接，以便于钢筋装配插入（图 5-25）。

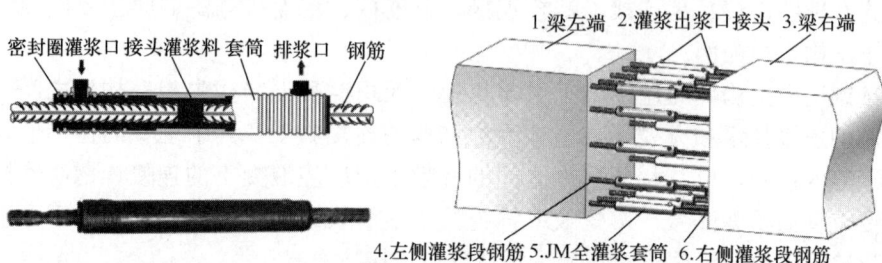

图 5-25 全套筒灌浆接头及应用示意图

（3）钢筋套筒灌浆连接套筒按材质分类有两种，一种是钢质灌浆套筒，还有一种是球墨铸铁灌浆套筒，如图 5-26、图 5-27 所示。

图 5-26 钢质灌浆套筒图   图 5-27 球墨铸铁半灌浆套筒图

2. 钢筋套筒连接用高强灌浆料

高强灌浆料是以水泥为基本材料，配以细骨料、外加剂和其他材料组成的干混料。加水搅拌后具有良好的流动性、早强、高强、微膨胀等性能，填充于套筒和带肋钢筋间隙内。28 天抗压强度可达 120MPa。

3. 钢筋套筒灌浆工艺

（1）竖向承重构件钢筋套筒灌浆工艺：竖向承重构件灌浆套筒连接所采取的灌浆工艺主要为分仓灌浆法和坐浆灌浆法。其主要工艺流程：构件接触面凿毛→分仓/坐浆→安装钢垫片→吊装预制构件→灌浆作业。其作业方式如下：

1）分仓法：竖向预制构件安装前宜采用分仓法灌浆，分仓应采用坐浆料或封浆海绵条进行分仓，分仓长度不应大于 1.5m，分仓时应确保密闭空腔，不应漏浆（图 5-28）。

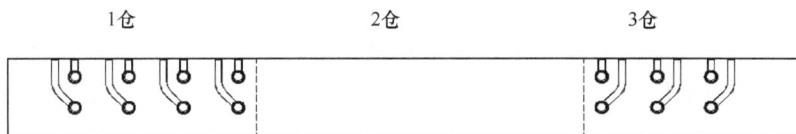

图 5-28 用坐浆料进行分仓示意图

2）坐浆法：竖向预制构件安装前可采用坐浆法灌浆，坐浆法是采用坐浆料将构件与楼板之间的缝隙填充密实，然后对预制竖向构件进行逐一灌浆，坐浆料强度应大于预制墙体混凝土强度。

3）灌浆作业：灌浆料从下排孔开始灌浆，待灌浆料从上排孔流出时，封堵上排流浆孔，直至封堵最后一个灌浆孔后，持压 30s，确保灌浆质量。

（2）预制梁、柱构件采用全灌浆套筒灌浆工艺：预制梁、柱构件一般采用全灌浆套筒灌浆，灌浆作业方式一般应采用压降法。其主要工艺流程：临时支撑及放线→水平构件吊装→检查定位→调节套筒→灌浆作业。其作业方式如下：

1）安装前，应测量并修正柱顶和临时支撑标高，确保与梁构件底标高一致，柱上应弹出梁边控制线；根据控制线对梁端、梁轴线进行精密调整，误差控制在 2mm 以内。

2）梁吊装就位，应遵循先主梁，后次梁，先低后高的原则。

3）对水平度、安装位置、标高进行检查，且安装时构件伸入支座的长度与搁置长度应复核设计要求。

4）调节套筒，先将灌浆套筒全部套在一侧构件的钢筋上，将另一侧构件吊装到位后，移动套筒位置，使另一侧钢筋插入套筒，保证两侧钢筋插入长度达到设计值。

5）从灌浆套筒灌浆孔注浆，如图 5-29 所示，当出浆孔出口开始向外溢出灌浆料时，应停止灌浆，立即塞入橡胶塞进行封堵。

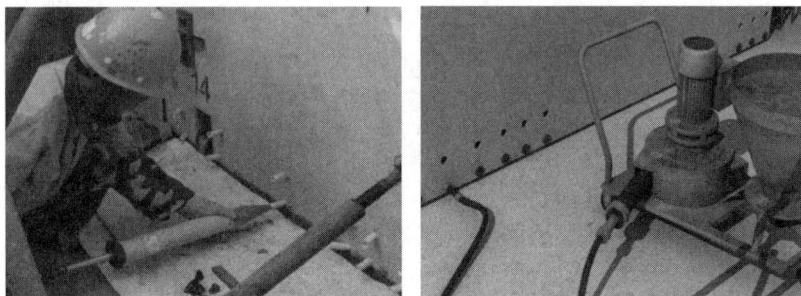

图 5-29 预制剪力墙灌浆示意图

5.4.2 现浇部位连接技术

提高装配式建筑施工效率和质量不仅局限在预制构件的装配施工等技术层面上，还有现场现浇部位施工中的钢筋绑扎、支撑搭设、模板施工、混凝土浇筑等施工工艺。

103

1. 现场钢筋施工

装配式结构现场钢筋施工主要集中在预制梁柱节、墙板现浇节点部位以及楼板、阳台叠合层部位，工程项目编制的钢筋施工方案或专项方案中应体现此部分内容。

图 5-30　梁柱箍筋与纵筋绑扎图

（1）预制柱现场钢筋施工：预制梁、柱节点处的钢筋定位及绑扎对后期预制梁、柱的吊装定位至关重要。预制柱的钢筋应严格根据深化图纸中的预留长度及定位装置尺寸来下料，预制柱的箍筋及纵筋绑扎时应先根据测量放线的尺寸进行初步定位，再通过定位钢板进行精细定位，如图 5-30 所示。

为了避免预制柱钢筋接头在混凝土浇筑时不被污染，应采取保护措施对钢筋接头进行保护。

（2）预制梁现场钢筋施工：预制梁钢筋现场施工工艺应结合现场钢筋工人的施工技术难度进行优化调整，由于预制梁箍筋分为整体封闭箍和组合封闭箍（图 5-31），封闭部分将不利于纵筋的穿插。为不破坏箍筋结构，现场工人被迫从预制梁端部将纵筋插入，这将大大增加施工难度。为避免以上问题，建议预制梁箍筋在设计时暂时不做成封闭形状，可等现场施工工人将纵筋绑扎完后再进行现场封闭处理。

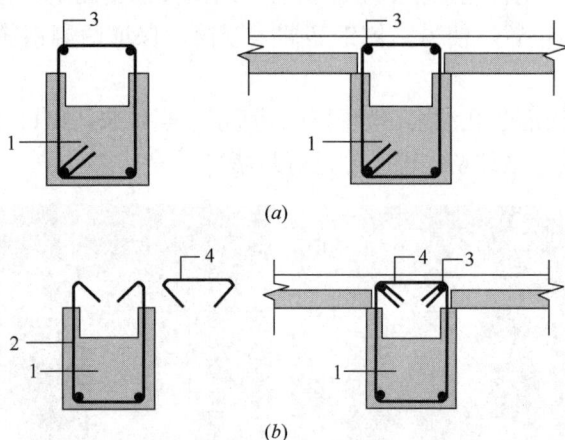

(a)

(b)

图 5-31　预制梁钢筋封闭箍示意图
（a）整体封闭箍示意图；（b）组合封闭箍示意图
1—预制梁；2—开口箍筋；3—上部纵向钢筋；4—箍筋帽

（3）预制墙板现场钢筋施工：

1）钢筋连接：竖向钢筋连接宜根据接头受力、施工工艺、施工部位等要求选用机械连接、焊接连接、绑扎搭接等连接方式，并应符合国家现行有关标准的规定。接头位置应设置在受力较小处。

2）钢筋连接工艺流程：套暗柱钢筋→连接竖向受力筋→在对角主筋上画箍筋

间距线→帮箍筋。

3）钢筋连接施工：装配式剪力墙结构的暗柱节点类型主要有"一"形、"L"形和"T"形。由于两侧的预制墙板均有外伸钢筋，因此，暗柱钢筋的安装难度较大，需要在深化设计阶段及构件生产阶段对钢筋穿插顺序进行分析研究，并提出施工方案。连接形式如图 5-32～图 5-34 所示。

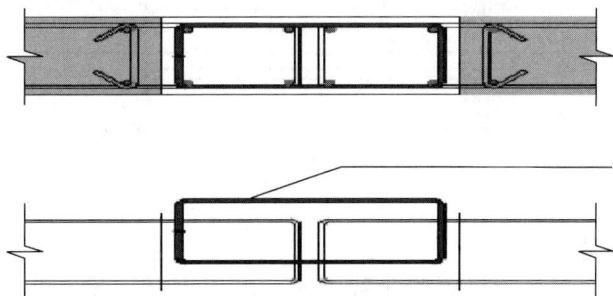

图 5-32 一字形后浇混凝土暗柱形式示意图

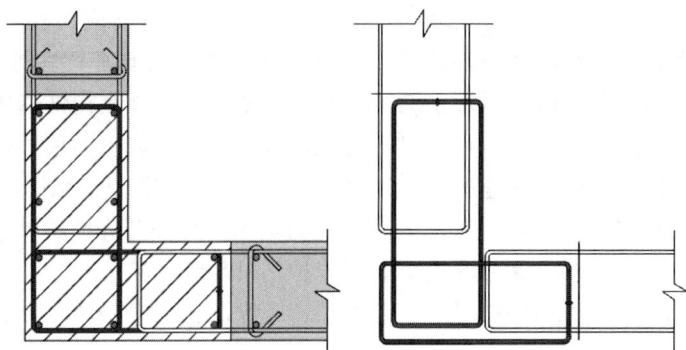

图 5-33 L形后浇混凝土暗柱形式示意图

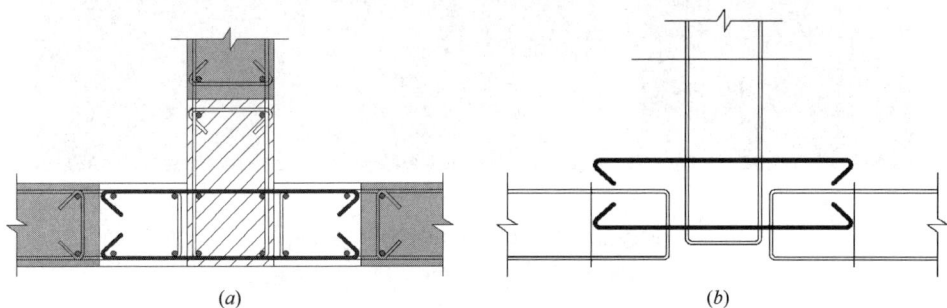

(a)   (b)

图 5-34 T形后浇混凝土暗柱形式示意图
（a）平面图；（b）附加钢筋示意

2. 模板现场加工

在装配式建筑中，现浇节点的形式与尺寸重复较多，可采用铝模或者钢模。在现场组装模板时，施工人员应对照模板设计图纸有计划地进行对号分组安装，对安装过程中的累计误差进行分析，找出原因后作相应的调整。模板安装完后质检人员应作验收处理,验收合格签字确认后方可进行下一工序。墙体节点后浇混凝土模板如图 5-35 所示。

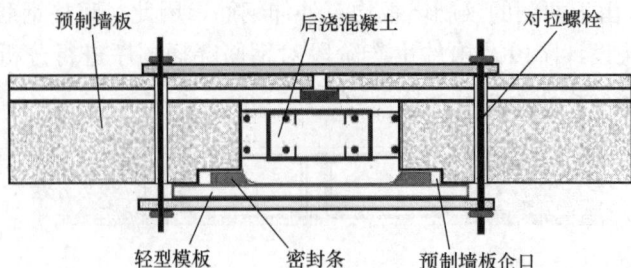

图 5-35 墙体节点后浇混凝土模板示意图

3. 混凝土施工

(1)预制剪力墙节点处混凝土浇筑时,由于此处节点一般高度高、长度短、钢筋密集,混凝土浇筑时要边浇筑边振捣,此处的混凝土浇筑需重视,否则很容易出现蜂窝、麻面、狗洞。

(2)为使叠合层具有良好的连接性能,在混凝土浇筑前应对预制构件作粗糙面处理并对浇筑部位作清理润湿处理。同时,对浇筑部位的密封性进行检查验收,对缝隙处作密封处理,避免混凝土浇筑后的水泥浆溢出对预制构件造成污染。

(3)叠合层混凝土浇筑,由于叠合层厚度较薄,所以应当使用平板振捣器振动,要尽量使混凝土中的气泡逸出,以保证振捣密实,混凝土控制坍落度在 160~180mm,叠合板混凝土浇筑应考虑叠合板受力均匀,可按照先内后外的浇筑顺序。

(4)浇水养护,要求保持混凝土湿润养护 7d 以上。

装配式结构后浇类型分为四类:一型节点、L 型节点、T 型节点,如图 5-36 所示。

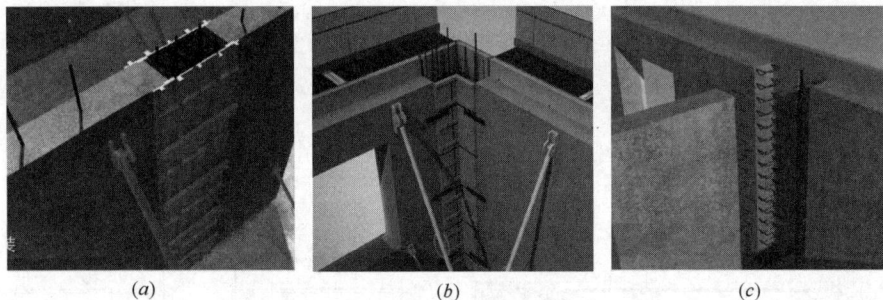

图 5-36 竖缝后浇混凝土节点示意图
(a)一型节点;(b)L 型节点;(c)T 型节点

5.5 装配施工质量控制与验收

5.5.1 预制构件制作质量控制与验收

1. 构件制作质量控制要点

(1)原材料质量控制:构件采用的原材料均应进行见证取样。其中灌浆套筒、保温材料、保温板连接件、受力型预埋件的抽样应全过程见证。对由热轧钢筋制成的成型钢筋，当能提供原材料力学性能第三方检验报告时，可仅进行重量偏差检验。对于已入厂但不合格产品，必须要求厂方单独存放，杜绝投入生产。

（2）模具质量控制：对模台清理、隔离剂喷涂、模具尺寸等作一般性检查；对模具各部件连接、预留孔洞及埋件的定位固定等作重点检查。

（3）钢筋及预埋件质量控制：对钢筋的下料、弯折等作一般性检查；对钢筋数量、规格、连接及预埋件、门窗及其他部品部件的尺寸偏差作重点检查。

（4）构件出厂质量控制：预制构件出厂时，应对所有待出厂构件进行详细检验。构件外观质量不应有缺陷，对已经出现的严重缺陷应按技术处理方案进行处理并重新检验，驻厂监造人员应将上述过程认真记录并签字备案。预制构件经检查合格后，要及时标记工程名称、构件部位、构件型号及编号、制作日期、合格状态、生产单位等信息。

2. 预制构件进场质量控制要点

预制构件在工厂制作、现场组装，组装时需要较高的精度，同时每个预制构件具有唯一性，一旦某个构件有缺陷，势必会对工程质量、安全、进度、成本造成影响。预制构件进场验收是现场施工的第一个环节，对于构件质量控制至关重要。

（1）现场质量验收程序：预制构件进场时，施工单位应先进行检查，合格后再由施工单位会同构件厂、监理单位、建设单位联合进行进场验收。

预制构件进场时，在构件明显部位必须注明生产单位、构件型号、质量合格标识；预制构件外观不得存有对构件受力性能、安装性能、使用性能有严重影响的缺陷，不得存有影响结构性能和安装、使用功能的尺寸偏差。

（2）预制构件相关资料的检查：

1）预制构件合格证：预制构件出厂应带有证明其产品质量的合格证，预制构件进场时由构件生产单位随车人员移交给施工单位。

2）预制构件性能检测报告：梁板类受弯预制构件进场时应进行结构性能检验，检测结果应符合现行国家标准《混凝土结构工程施工质量验收规范》GB 50204 中的相关要求。

3）拉拔强度检验报告：预制构件表面预贴饰面砖、石材等饰面与混凝土的粘接性能应符合设计和现行有关标准的规定。

4）技术处理方案和处理记录：对于出现一般缺陷的构件，应重新验收并检查技术处理方案和处理记录。

（3）预制构件外观质量的检查：预制构件进场验收时，应由施工单位会同构件厂、监理单位联合进行进场验收。参与联合验收的人员主要包括：施工单位工程、物资、质检、技术人员；构件厂代表；监理工程师等。

3. 构件安装质量控制

（1）施工现场质量控制流程：现场各施工单位应建立健全质量管理体系，确保质量管理人员数量充足、技能过硬，质量管理流程清晰、管理链条闭合。应建立并严格执行质量类管理制度，约束施工现场行为。

（2）施工现场质量控制要点：

1）原材料进场检验：现场施工所需的原材料、部品、构配件应按规范进行检验。

2）预制构件试安装：装配式结构施工前，应选择有代表性的单元板块进行预制构件的试安装，并根据试安装结果及时调整完善施工方案。

3）测量的精度控制：吊装前须对所有吊装控制线进行认真的复检，构件安装就位后须由项目部质检员会同监理工程师验收构件的安装精度。安装精度经验收签字合格后方可浇筑混凝土。

4）灌浆料的制备与套筒灌浆施工：灌浆施工前对操作人员进行培训，规范灌浆作业操作流程，熟练掌握灌浆操作要领及其控制要点。对灌浆料应先进行浆料流动性检测，留置试块，然后才可进行灌浆。检测不合格的灌浆料则重新制备。

5）安装精度控制：强化预制构件吊装校核与调整。构件安装后应对安装位置、安装标高、垂直度、累计垂直度进行校核与调整；相邻预制板类构件，应对相邻预制构件平整度、高差、拼缝尺寸进行校核与调整；装饰类构件应对装饰面的完整性进行校核与调整。

6）结合面平整度控制：预制墙板与现浇结构表面应清理干净，不得有油污、浮灰、粘贴物等，构件剔凿面不得有松动的混凝土碎块和石子。严格控制混凝土板面标高，误差控制在规定范围内。

7）后浇节点模板控制：混凝土浇筑前，模板或连接缝隙用海绵条封堵。与预制墙板连接的现浇短肢剪力墙模板位置、尺寸应准确，固定牢固，防止偏位。宜采用铝合金模板，并使用专用夹具固定，提高混凝土观感质量。

8）外墙板接缝防水控制：所选用防水密封材料应符合相关规范要求；拼缝宽度应满足设计要求；宜采用构造防水与材料防水相结合的方式。

5.5.2　装配施工验收

装配式混凝土建筑施工应按现行国家标准的有关规定进行单位工程、分部工程、分项工程和检验批的划分和质量验收。装配式混凝土建筑的装饰装修、机电安装等分部工程应按国家现行标准的有关规定进行质量验收。验收结果及处理方式如下：

（1）装配式混凝土结构工程施工质量验收应符合下列规定：

1）所含分项工程质量验收应合格。

2）应有完整的质量控制资料。

3）观感质量验收应合格。

4）结构实体检验结果应符合现行国家标准《混凝土结构工程施工质量验收规范》GB 50204 的要求。

5）当混凝土结构施工质量不符合要求时，应按下列规定进行处理：

① 经返工、返修或更换构件、部件的，应重新进行验收；

② 经有资质的检测机构按国家现行标准检测鉴定达到设计要求的，应予以验收；

③ 经有资质的检测机构按国家现行相关标准检测鉴定达不到设计要求，但经原设计单位核算并确认仍可满足结构安全和使用功能的，可予以验收；

④ 经返修或加固处理能够满足结构可靠性要求的，可根据技术处理方案和协商文件进行验收。

（2）装配式混凝土结构工程施工质量验收时，应提供下列文件和记录：

1）工程设计文件、预制构件深化设计图、设计变更文件；

2）预制构件、主要材料及配件的质量证明文件、进场验收记录、抽样复验报告；

3）钢筋接头的试验报告；

4）预制构件制作隐蔽工程验收记录；

5）预制构件安装施工记录；

6）钢筋套筒灌浆等钢筋连接的施工检验记录；

7）后浇混凝土和外墙防水施工的隐蔽工程验收文件；

8）后浇混凝土、灌浆料、坐浆材料强度检测报告；

9）结构实体检验记录；

10）装配式结构分项工程质量验收文件；

11）装配式工程的重大质量问题的处理方案和验收记录；

12）其他必要的文件和记录（宜包含 BIM 交付资料）。

（3）装配式混凝土结构工程施工质量验收合格后，应将所有的验收文件存档备案。

学 习 与 思 考

1. 装配式建筑施工平面布置的影响因素有哪些？

2. 如何保障装配式建筑的施工进度？

3. 装配式建筑的施工在劳动力组织管理与传统的劳动力组织管理有什么区别？

4. 装配式建筑施工的构件安装质量如何控制？

5. 什么是钢筋套筒灌浆连接技术？它有几种类型？各自特点是什么？

6. 整体装配式混凝土剪力墙结构施工程序是怎样的？

第6章 装配式装修

装配式装修区别于传统的现场湿作业的装修方式。在装配式建筑的建造过程中，装配式装修与装配式主体结构、机电设备等系统进行一体化设计与同步施工，具有工程质量易控、提升工效、节能减排、易于维护等特点，使装配式建造方式的优势得到了更加充分地发挥和体现，因此，成为装配式建筑的重要环节和组成部分。本章重点介绍装配式装修的基本概念、集成技术、施工技术及质量控制方法。

6.1 装配式装修概念

6.1.1 装配式装修基本概念

装配式装修是指采用干式工法，将工厂生产的装修部品部件、设备和管线等在现场进行组合安装的一种装修方式。装配式装修综合考虑了结构系统、外围护系统、设备与管线系统等进行一体化设计。在居住建筑中，装配式装修的部品系统包括装配式楼地面子系统、装配式隔墙子系统、装配式吊顶子系统、集成厨房子系统、集成卫生间子系统、集成内门窗子系统，共同围合成居住建筑室内空间六个面。室内设备和管线系统包括给水子系统、排水子系统、采暖子系统、通风子系统、空调子系统、电气子系统和智能子系统。

装配式装修部品系统与设备和管线系统融合在一起，两者不可缺失，共同构建了室内空间并满足了使用功能。在本章，提到的装配式装修是既包含了装配式装修部品系统，也包含了内装的设备和管线部品系统。装配式装修包含三个关键要素和概念：

1. 管线与结构分离

采用管线分离，一方面可以保证使用过程中维修、改造、更新、优化的可能性和方便性，有利于建筑功能空间的重新划分和内装部品的维护、改造、更换，另一方面可以避免破坏主体结构，更好地保持主体结构的安全性，延长建筑使用寿命。

2. 干式工法施工

干式工法施工装修区别于现场湿法作业的装修方式，采用标准化部品部件进行现场组装，能够减少用水作业，保持施工现场整洁，可以规避湿作业带来的开裂、空鼓、脱落的质量通病。同时干法施工不受冬季施工影响，也可以减少不必要的施工技术间歇，工序之间搭接紧凑，提高工效，缩短工期。

3. 部品部件工厂化定制

装配式装修都是定制生产，按照不同地点、不同空间、不同风格、不同功能、不同规格的需求定制，装配现场一般不再进行裁切或焊接等二次加工。通过工厂化生产，减少原材料的浪费，将部品部件标准化与批量化，降低制造成本。

装配式装修从部品供给侧着手，将工业化部品、信息化过程与绿色化装配进行有机融合，成为引领一体化装修建造方式改革的重要发展方向。装配式装修与装配式结构的无缝结合，最大程度上实现了绿色施工，有利于节能减排、提高建筑质量和品质，促进产业转型升级。图 6-1 展示了传统装修与装配式装修的现场对比图。

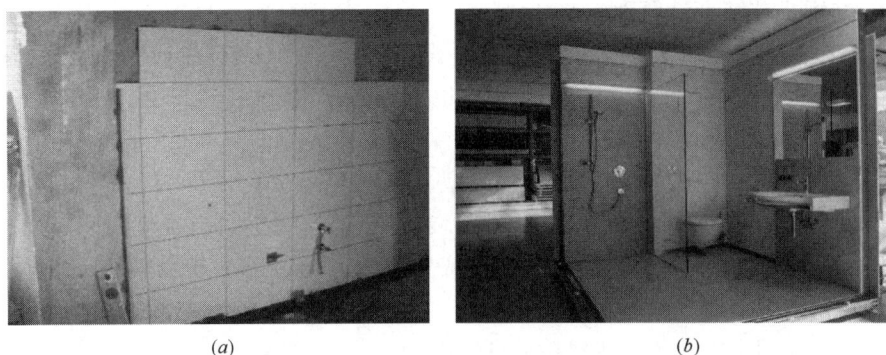

图 6-1　传统与装配装修对比图
（a）传统装修；（b）装配式装修

6.1.2　装配式装修基本特点

装配式装修主要包括五大基本特点，具体内容如下：

1. 装修部品集成化

将传统装修使用的材料通过工业化集成技术，实现可逆装配的部品部件，降低对施工现场的作业条件、作业机具、作业人员能力的要求，并形成可以大规模定制的模数化、标准化、系列化、商品化的装修部品部件。

2. 现场施工装配化

依靠部品部件的标准接口与连接构造，实现点支撑、面支撑、点连接、线连接手段，将集成化的片状、线状的部品部件围合成居住建筑室内空间六个面立体空间和机电设备系统，实现成品交付。部品部件之间实现现场简单快速连接，降低对于工人操作技术的依赖，省时、省力、安装准确到位。

3. 施工过程绿色化

施工现场无须二次裁切等加工，规避因此而产生的噪声、粉尘、垃圾。部品多用机械连接，确保可拆卸二次利用的同时，减少现场的空气质量污染，也不会造成油漆等有害物质的散发，大大减少对周围环境的污染及对人体的损害，可以实现即装即住。

4. 施工组织高效化

出厂部品中每个部件设置有唯一编码，不但便于现场精准配送，减少倒运所产生的浪费，提高施工效率，而且可以对部件进行质量追溯，并对严重质量隐患部件可以实施召回，这是将汽车工业的质量追溯与召回应用到装修部品质量监控和售后服务上。

5. 成本控制透明化

基于 BIM 技术的三维正向设计的装配式装修，通过模型的碰撞检查及施工模拟，不但规避了现场构件的碰撞、避免了过程增项，而且在现场避免二次加工、减少原材料浪费，建造全过程得到很好地控制，从而实现了建造成本控制的透明化。

6.1.3　装配式装修设计

1. 装配式装修设计原则

装配式装修设计应实现建筑、结构、设备管线一体化装修设计，设计可采用建筑信息模型（BIM）技术，一般应遵循以下原则：

（1）前置部品选型与正向设计原则。装配式装修的设计与传统装修不同，在方案设计阶段就已经前置完成了部品选型，实现装修深化设计与建筑设计同步。主要做法是基于装修部品 BIM 模型族库，在特定的建筑空间内实现内装布局、功能、风格的设计，基于现有部品模型的特质参数，通过部品组合实现正向设计，通过设计系统虚拟仿真验证了集成化部品、构件在空间上相互之间的支撑、连接、填充关系，并同步实现了自我碰撞验证。

（2）模数化设计原则。模数化设计有利于提高部品出材率，实现模数规格系列化、非标规格参数化，同时考虑标准部品与非标部品的兼容结合，确保其接口标准及一定的容错能力。模数化是设计标准化和部品标准化的前提和基础，现行国家标准《建筑模数协调标准》GB/T 50002 对建筑模数、优先尺寸、模数协调都做了明确的规定，有利于提高部品标准化程度和材料的出材率，提升居住品质。

（3）部品标准化原则。部品标准化有助于工业化规模制造与高效生产，并且标准化程度越高越通用，部品标准化会扩大内装部品的适用范围，在不同位置、不同类型建筑中都尽可能实现产品的通用和互换。若实现居室与客厅部品通用，室内与公区部品通用、居住建筑与公共建筑部品通用，从而可以减少部品种类和规格，降低制造成本、物流成本、降低装配培训和操作难度，便于更好地应用与推广。

（4）部品模块化及集成化原则。部品模块化、集成化可以减少部品种类和装配步骤，现场作业简单、易于装配，并实现可逆装配技术构造，实现部品快速翻新和高重置率，同时实现装配、维修过程的免开凿、免开孔、免裁切、安装快、可拆卸、宜运输等要求。

（5）管线与结构分离的原则。装配式装修的管线与结构分离是实现灵活内装的必要条件，是干式工法的必然要求。例如：机电管线、开关盒、插座盒宜敷设在装配式隔墙、装配式吊顶、装配式楼地面的空腔层内，并应考虑隔声降噪、保温、防结露等措施；有采暖需求的房间，宜采用辐射采暖，并与装配式隔墙、装配式吊顶、装配式楼地面一体化集成。

装配式装修设计主要包括内装部品设计和设备管线设计，设计时应充分考虑结构系统、外围护系统、设备与管线系统的一体化（图 6-2）。

2. 装配式装修部品选型与设计

（1）装配式隔墙设计

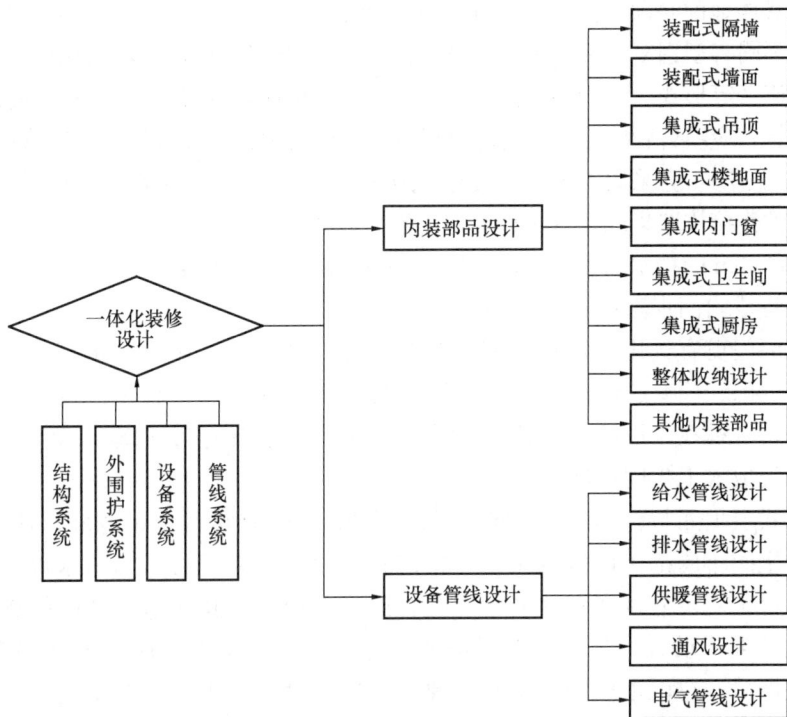

图 6-2 装配式一体化装修设计框图

装配式隔墙目前主要有装配式隔墙条板系统、装配式隔墙大板系统、装配式骨架夹芯隔墙板系统。这三种墙体的共同特征是墙板内均有空腔，因而可在墙体空腔内敷设给水分支管线、电气分支管线及线盒等。装配式骨架夹芯隔墙板系统更加轻量化、组装更灵活、连接全干法等优势，便于各种环境和区域的推广。由于存在空腔，三种墙体在需要固定或吊挂物件时，需采取可靠的固定措施。

（2）装配式墙面设计

装配式墙面通过可靠的连接构造与墙体结合牢固，墙面的饰面层应在工厂整体集成。目前带有自饰面的装配式墙面，主要有自饰面硅酸钙复合板墙面、自饰面石膏板墙面、自饰面金属墙板、木塑墙板、竹碳纤维墙板等在工厂一体化集成饰面的墙面。设计时，优先选用标准规格的墙板尺寸。墙板之间可以设计预留构造缝，也可以通过专用连接构造实现精细密拼。

（3）装配式吊顶设计

装配式吊顶在结构楼板之下，通过上部与楼板吊挂或者通过与墙体支撑，预留顶部架空层，以便于敷设管线，优先采用免吊杆的装配式吊顶支撑构造。当需要安装吊杆或其他吊件及一些管线时，应提前在楼板（梁）内预留预埋所需的孔洞或埋件。装配式吊顶宜集成灯具、浴霸、排风扇等设备设施。顶板符合标准规格模块的前提下，尽量减少顶板数量以便减少拼缝。常用的吊顶连接构造有明龙骨与暗龙骨两种，常用的顶板有石膏板、矿棉板、硅酸钙复合顶板、铝合金扣板和玻璃等。

（4）装配式楼地面设计

装配式楼地面必须是免抹灰的干式工法地面,实现地面找平与装饰功能。根据支撑构造不同有型钢复合架空模块体系、树脂螺栓整板架空体系、抗静电地板体系和非架空自流平等形式。对于架空构造的,装配式楼地面架空层高度应根据管线交叉情况进行计算,应结合管线路由进行综合设计,同时楼地面宜设置架空层检修口;对有采暖需求的空间,宜采用干式工法实施的地面辐射供暖方式;地面辐射供暖宜与装配式楼地面的连接构造集成;有防水要求的楼、地面,应低于相邻房间楼地面20mm或做不低于20mm的挡水门槛,门槛及门内外高差应以斜面过渡。

（5）集成内门窗选用

集成内门窗宜选用工厂集成制造的铝合金、塑钢、实木、实木复合、硅酸钙复合板等内门、门套、窗套,优先选用成套化、标准化、参数化、系列化的内门窗部品,特别是在工厂已经将五金、配饰等高度集成的内门、门套、窗套。

（6）集成式卫生间设计

集成式卫生间与整体卫浴不同,可以不受限于具体的长度、宽度,任意规格、形状的卫生间布局都可以集成定制。集成式卫生间应采用可靠的防水设计,楼地面宜采用可定制尺寸规格整体防水底盘,门口处应有阻止积水外溢的措施,建议采用干湿分离式设计。卫生间的各类水、电、暖等设备管线应设置在架空层内,并设置检修口;建议采用同层排水,便于检修和避免对下一层的干扰;设计时应进行补风设计,对于设洗浴设备的卫生间应做等电位联结。集成式卫生间的整体防水底盘,有热塑复合、热固复合等不同材质。

（7）集成式厨房设计

集成式橱柜应与墙体可靠连接,建议与装配式墙面集成设计,厨房的各类水、电、暖等设备管线应设置在架空层内,并设置检修口;厨房油烟排放建议采用同层直排的方式,并应在室外排气口设置避风、防雨和防止污染墙面的构件。

（8）整体收纳设计

整体收纳设计及应考虑基本功能空间布局及面积、使用人员需求、物品种类及数量等因素,采用标准化、模块化、一体化的设计方式,所有产品部品现场组装,不得在现场加工。

（9）其他内装部品设计

在装修设计中还包含窗帘盒（杆）、窗台板、顶角线、踢脚线、阳角线、检修口、户内楼梯、护栏、扶手、花饰等,这些部品应与相连的内装部品集成设计,建议选用满足干式工法的成套化产品。

3. 设备管线部品选型与设计

居住建筑室内装配式装修设计时,管线工程的最低设计使用年限应不低于20年,集中管道井宜设置在公共区域,并应设置检修口,尺寸应满足管道检修更换的空间要求,所有管线均不得预埋或剔槽后埋入结构体。

（1）快装给水系统设计

室内给水系统采用分水器的并联供水设计。入户管、干管、户用水表至分水器的管段宜采用金属给水管、金属复合管、塑料管材;分水器至用水器具的给水支管管段应采用柔韧性较好的塑料给水管或铝塑复合管;分水器至用水器具之间的管段应无接口；热水系统应采用热水型分水器及热水型管材、管件；冷水系统应采用冷水型分水器及冷水型管材、管件；二者不得混用。

在各分支接口之间的给水支管、分支管宜采用整根管，分支接口应设置在易检修的位置；冷水、热水、中水等支管、分支管应采用不同颜色或标识进行区分；敷设在架空层内的热水管道宜采取相应的保温措施，敷设在架空层内的冷水管道应采取相应的保温防结露措施。

（2）同层排水系统设计

同层排水可以有降板体系和不降楼板薄法架空体系两种。它们都是在本户结构空间内布置横向排水管支管、主管，排水管道管件应采用45°转角管件，横向主管出墙汇集到公区的排水立管。排水立管宜集中布置在公共管井内。同层排水方式，管与管件连接采用承插式密封圈构造，降低漏水可能性；并在架空层的低位进行积水排除设计。

（3）供暖设备及管线设计

建议采用干式工法实施的地面辐射供暖方式；地面辐射供暖宜与装配式楼地面的连接构造集成；分集水器宜与内装部品集成设计。

（4）室内通风设计

卫生间应设置机械通风设施；厨房应设置机械通风设施，并应同时设置供厨房房间全面通风的自然通风设施；竖向烟风道宜采用工厂生产的标准化部品。

（5）电气设备及管线设计

电线接头宜采用快插式接头，接头应满足用电安全要求；电气线路及线盒宜敷设在架空层内，面板、线盒及配电箱等宜与内装部品集成设计；强、弱电线路敷设时不应与燃气管线交叉设置；当与给排水管线交叉设置时，应满足电气管线在上的原则。

4. 其他设计规定

对于居住建筑室内装配式装修设计应符合《建筑内部装修设计防火规范》GB 50222 的相关要求，其中要求架空层不应穿越有耐火性能要求的部位，内装部品设计应避免出现弱化防火性能的构造做法，厨房装配式墙面、吊顶及楼地面装修材料应采用 A 级防火材料；居住建筑室内装配式装修设计应符合国家有关建筑装饰装修材料有害物质限量标准的规定，并应符合现行国家标准《民用建筑工程室内环境污染控制规范》GB 50325、《住宅设计规范》GB 50096 中关于住宅室内污染物限值的相关规定。

6.2　装配式装修集成技术

装配式装修集成技术是指从单一的材料或配件，经过组合、融合、结合等技术加工而形成具有复合功能的部品部件，再由部品部件相互组合形成集成技术系统。从而实现提高装配精度、装配速度和实现绿色装配的目的。集成技术建立在部品标准化、模数化、模块化、集成化原则之上，将内装与建筑结构分离，拆分成可工厂生产的装修部品部件。

部品可以大规模定制，系列完整、规格齐全、饰面材质丰富多样。特别重要的是，装修部品的接口标准、通用性、系列化、成套化，通过模数化的尺寸控制实现广泛的互换性；明确部品之间连接的标准接口类型、规格、接驳方式，应明确配套的部件、配件及零件构成。扩大部品的适用范围，在不同位置、不同类型建筑中都尽可能实现产品的通用和互换，达到降低制造成本、降低装配难度、减少内装部品规格、数量的目的。部品原材选择以绿色环保节能安全为目标，要求自身理化性能优越、随着实践和环境条件变化而质量稳定性和耐久性强。部品原材还要具有防火、防水、耐久、环保、重复利用等特性。本节结合图 6-3，分别阐述装配式装修集成技术。

(a)　　　　　　　　　　　　　　　　(b)

图 6-3　装配式装修部品集成效果示意图
(a) 室内部品集成效果示意图；(b) 卫生间部品集成效果示意图

6.2.1　装配式隔墙系统

装配式隔墙系统是指采用工厂预制部品部件进行现场组装的自承重隔墙系统，常见的有装配式隔墙条板系统、装配式隔墙大板系统、装配式骨架夹芯隔墙板系统。装配式隔墙条板系统采用轻质材料制作，用于自承重内隔墙的非空心条板，按断面构造可分为实心（内铺设支撑骨架）条板和复合夹芯条板。装配式隔墙大板系统按隔墙整体设计尺寸、规格（预留门、窗洞口）在工厂预制，隔墙大板可以根据设计要求切割成不同规格的隔墙构件。装配式骨架夹芯隔墙板系统在工厂制作夹芯隔墙的龙骨、面板和支撑卡等部件以及连接件，在施工现场进行装配。以下以装配式骨架夹芯隔墙系统为例介绍装配式隔墙系统，产品模型见图 6-4。

装配式骨架夹芯隔墙系统包括轻质隔墙龙骨和装配式墙面板两部分，其中龙骨主要具有支撑功能，墙面板具有饰面功能，在龙骨与墙板之间，填充必要的机电管线和隔声材料。

1. 轻质隔墙龙骨

装配式隔墙的支撑轻钢龙骨应与结构墙（柱）、梁、楼板牢固连接。根据隔声性能要求、设备设施安装需要设计隔墙厚度及各种龙骨的规格型号。轻钢龙骨隔墙内应根据使用部位要求填充防火及隔声材料，隔墙填充材料一般选用岩棉或玻璃棉类材料，如图 6-5 所示。

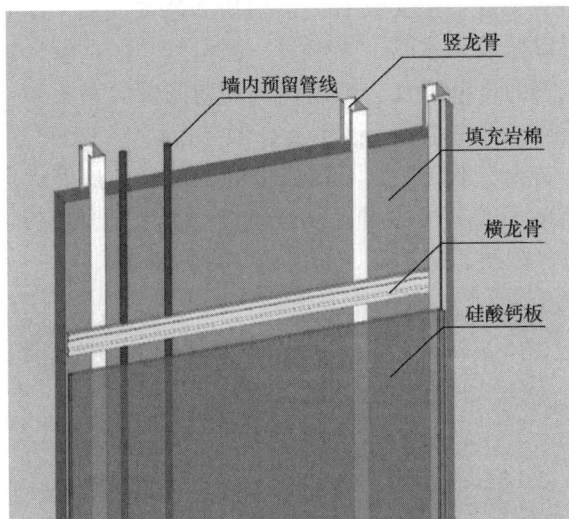

图 6-4 装配式龙骨夹芯隔墙构造示意图

由于采用饰面、管线与支撑体分离，可利用隔墙的空腔敷设管线，实现装配式装修的管线与结构分离，也有利于后期空间的灵活改造和使用维护。但是当龙骨类隔墙上需要固定或吊挂超过 15kg 物件时，应设置加强板或采取其他可靠的固定措施，并明确固定点位。

2. 装配式墙面板

装配式墙面板可以采用复合涂装或者包覆技术，将带有仿真效果的瓷

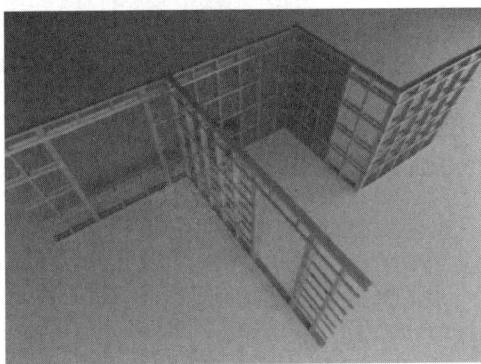

图 6-5 装配式轻质隔墙龙骨

砖、马赛克、大理石、木纹的图案或者壁纸整体包覆在墙板上（图 6-6），可以有效避免使用中的开裂、翘起。墙板与墙板之间采用铝型材扣压，铝型材将墙板牢牢地扣在结构墙或支撑体龙骨上，这种机械连接的方式可以实现可逆装配，便于维护与翻新。

装配式墙面板也可以采用真实石材、瓷砖与铝蜂窝板集成制造，实现干式工法大板。装配式墙面板构造优势使得拼缝质量良好，安装成本低，完成效果达到了瓦工铺贴瓷砖和油工裱糊壁纸的效果。

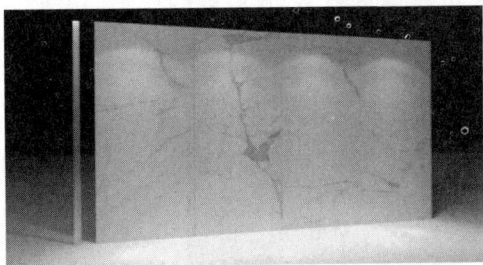

图 6-6 装配式轻质墙面板图

6.2.2 装配式楼地面系统

装配式楼地面系统是指采用工厂预制部品部件进行现场组装的楼地面系统，该系统摒弃抹灰找平，并为管

117

线与楼地面分离留有空腔，主要具有架空模块和装饰面层（图 6-7）。架空层考虑管线空腔设计，可以敷设给水管、采暖管、强电管、弱电管，甚至通风和智能家居等。目前较为成熟的是型钢复合架空模块和树脂螺栓整板架空，由可调节支撑脚、架空模块、连接扣件等组成。型钢复合架空模块，具备可逆装配，安装快捷、使用耐久、防水、防火、不变形、不释放甲醛、易于维护等优点。在型钢复合架空模块上面可以铺贴干式工法的强化复合地板、实木复合地板、实木地板、石塑地板等，满足平整、耐磨、抗污染、易清洁、耐腐蚀要求。

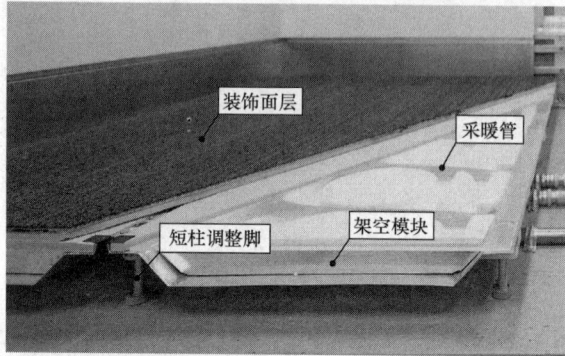

图 6-7 装配式楼地面系统图

装配式楼地面承载力应满足使用要求，连接构造应稳定、牢固。放置重物的部位应采取加强措施。架空模块须具备超过 $1000kg/m^2$ 的支撑能力，不变形、无噪声。

6.2.3 集成厨卫系统

集成厨卫系统是指地面、吊顶、墙面、防水构造、厨房设备或者洁具设备及管线等部品通过设计集成、工厂生产，在现场主要采用干式工法装配而成的厨房或者卫生间。装配式装修提倡采用以集成式卫生间、集成式厨房为代表的高集成度内装部品，通过工厂化制作和加工实现现场模块化拼装，有利于实现集成化建造。集成厨卫应与建筑同步设计，协调预留净空尺寸、设备及管线的安装位置，特别是预留标准化接口。集成厨卫系统主要包括集成防水地面、集成防水防潮墙面及集成吊顶。图 6-8 所示为集成卫浴系统。

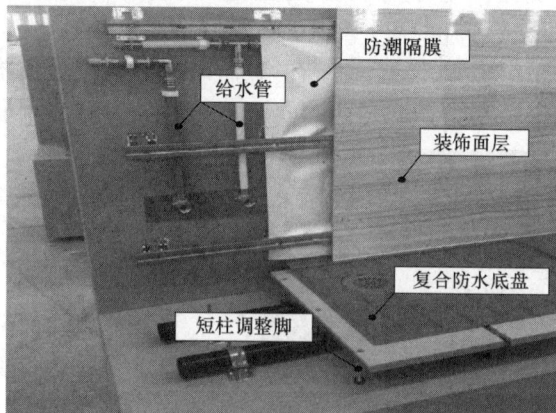

图 6-8 集成卫浴系统图

1. 厨卫集成防水地面

集成厨卫的地面采用型钢复合架空模块构造，架空层可以布置排水管，型钢架空模块具有调节功能以便通过调节螺栓实现厨卫地面找坡要求。厨卫地面还应具有防水、防滑等性能。

集成式卫生间须有可靠的防水设计，在不分干湿区的整个地面及采用干湿分区的湿区地面均采用热塑复合防水底盘，形成可靠的地面防水构造。热塑复合防水底盘必须一次性加工成型并有立体反沿，墙板与热塑复合防水底盘预留可靠的搭接余量。卫浴门口处应有阻止积水外溢的措施，使用水区域和其他居室相分离。

热塑复合防水底盘要满足柔性生产，以便适应不用规格、不同形状、不同设备接口位置的防水底盘，具有快速应变和普遍适用性，复合工业化规模定制的要求。

2. 厨卫集成防水防潮墙面

厨卫空间的墙面，必须适应特定环境需要，具有防水、防潮、耐火、防划、耐擦洗等特征，模块化的墙板之间要有止水构造措施。集成式卫生间墙板内还需预设防潮隔膜，对于水蒸气渗透后形成冷凝水有隔离和疏导功能。集成厨卫的墙板饰面层可以采用仿真的瓷砖、马赛克、大理石效果，并可设计成亮光或哑光。

由于集成厨卫墙面有较多的龙头、开关、插座、镜前灯、五件挂件等端口，墙板的板缝要避开上述端口；淋浴区宜采用整板，减少接缝；在烹饪区设置整块无缝墙板，易于打理。

集成式厨房的吊柜、挂墙式热水器、燃气表、吸油烟机等与墙面要集成设计，预设相应加固板等措施，确保吊柜、挂墙式热水器、燃气表、吸油烟机的受力连接构造透过饰面层，能够与结构墙或支撑体深层加固，确保安全。

3. 厨卫集成吊顶

厨卫集成吊顶内部集中了水、暖、电、风等管线，为减少碰撞并预留检修空间，尽可能减少吊顶内以吊杆、吊件作为吊顶板的支撑体，充分发挥墙板的支撑作用，且使墙板与吊顶板有协同调平。厨卫集成吊顶宜集成灯具、排风扇等设备实施整体集成，有利于提升装修品质，可一次性实施到位并为设备设施检修预留条件。

如图 6-9 所示，采用装配式吊顶，既有利于工业化建造施工与管理，也有利于后期空间的灵活改造和使用维护。管线可敷设在吊顶空间并设置检修条件。

图 6-9 厨卫集成吊顶构造图

竖向排油烟风道不利于集成式厨房的成品定型和工厂化生产，容易造成材料的损耗，同时也容易产生油烟倒灌、串烟等问题，所以集成式厨房提倡采用具有油烟分离功能的水平直排系统。

图 6-10　快装给水系统图

6.2.4　装配式给水系统

传统的给水系统安装需要专业工具设备，施工效率低，施工质量依赖于工人的施工水平，装配式给水系统采用标准化部品件，实现现场干作业快速安装。图 6-10 所示为一种装配式给水系统，该系统采用快装承插接口技术，可订制化生产给水管，通过分水器现场快速连接，由于水管可以根据长度订制，实现了整根管除了出水端口暗藏管线无任何接头。

该系统水管部品通过颜色进行识别，有效保证施工准确性，同时便于检修更换和运营维护，红色是热水管、蓝色是冷水管、绿色是中水管。热水系统应采用热水型分水器及热水型管材、管件；冷水系统采用冷水型分水器及冷水型管材、管件。

分支接口采用快插式接头，管道连接应满足严密性试验的相关要求，出厂前接头连接密封试验完好。为保证热水管的供热效率，敷设在架空层内的热水管宜采取适当的保温措施。为保证管线和架空层内材料的寿命，敷设在架空层内的冷水管应做保温和防结露措施。

6.2.5　同层排水系统

同层排水系统是指卫生间内卫生器具排水管（排污横管和水支管）采用同层排水的敷设方式和集成产品及技术，管道不穿越楼板进入其他住户套内空间。排水管道在本层内敷设，采用了一个共用的水封管配件代替诸多的 P 弯、S 弯，整体结构合理，不易发生堵塞，而且容易清理、疏通，同时也方便个性化卫生间洁具的布置。当采用同层排水设计时，应协调厨房和卫生间位置、给水排水管道位置和走向，使其距离公共管井较近。

常见的同层排水系统包括降板式、不降板式。降板式系统中降板的高度一般采用 30~40cm，方可满足横管安装坡度；做局部降板时，采用专用配件连接排水支管与立管，可能满足管道安装和排水横管的坡度需要。不降板式系统在结构楼板不降板、室内卫生间与其他房间地面面层高度保持一致的前提下，实现地面最薄的架空层内布置同层排水管线的构造方法，如图 6-11 所示。

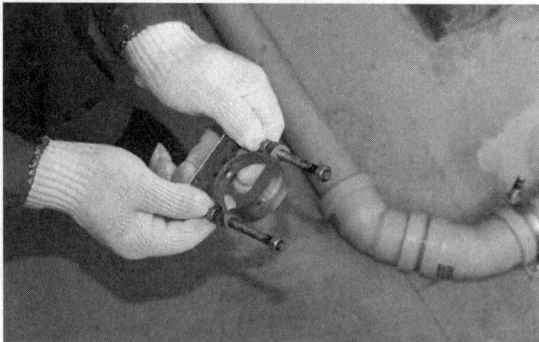

图 6-11　不降板式同层排水图

6.2.6 装配式集成采暖系统

传统地暖系统产品及施工技术，湿法作业，楼板荷载较大，施工工艺复杂，管道损坏后无法更换。装配式集成采暖系统是由基板、加热管、龙骨和管线接口等组成的地暖系统。具有施工工期短、楼板负载小、易于维修改造等优点。型钢复合采暖模块，充分将架空、调平、采暖、保护四重功能与一身。具体如图 6-12 所示。

图 6-12 型钢复合地暖模块构造图

对有采暖需求的空间，宜采用干式工法实施的地面辐射供暖方式；地面辐射供暖宜与装配式楼地面的连接构造集成。地面辐射供暖的方式有利于提升采暖的舒适度，通过和装配式楼地面的结合，将水管与装配式楼地面的支撑模块融为一体，借模块本身的空腔构造，布置采暖管并增加保温隔热措施，一体化集成即地面辐射供暖模块，是一款技术先进、向上散热向下保温效果很好，且造价增加不多，是个难得的复合体系，并且可以更大程度地发挥干法施工的优势，安装快速，维修简便。

6.3 装配式装修施工

6.3.1 施工组织与控制要点

装配化装修的施工与以往传统施工不同，有一些必须掌握的施工组织与控制要点。项目准备阶段要进行全户测量，做定制部品加工清单；收料阶段要准确投放至装配位置；施工主要以干式工法和标准作业展开。

1. 全户放线测量

部品生产预制化，就需要根据现场在施工前进行精准放线和测量，对于装配实现的完成界面，先用放线方式予以决定，放出房间界面线、地面完成线、墙面完成线、顶面完成线、门窗洞口线、水电点位定位、加固板定位等，根据核验结果确定标准产品和定制产品的数据，例如根据厨房墙面完成线可以确定橱柜台面的加工精度。测量的加工数据应预留现场施工的公差余量，避免现场二次加工。

2. 部品精准配送

施工现场取消集中料场，直接将部品按房间到达装配的施工地点。现场按楼、按单元、按施工段接收部品，确保每个预制的部品对应制定的装配位置，不会发生少料、错料，精益控制现场部品应用数量。即便特殊原因发生补料，也是锁定特定位置，根据工厂生产记录，匹配同一批次原材，最大程度降低补料带来的色差等，装配式装修采用信息化手段可以实现全过程跟踪每一部品。

3. 避免二次加工

装配过程中，部品预先定制和先进构造，已经避免了二次裁切与焊接等加工，

121

绝不允许手艺工人改变部品部件的任何规格、形状，他们能操作的，只是连接动作，降低对于手艺人的依赖，也不给他们浪费材料和加工错误的机会。由于没有二次加工，现场规避了粉尘、噪声和过度垃圾，工人本身工作的也更加有尊严。

4. 标准装配程序

集成化的部品，在现场仅需要支撑与连接的组合装配，由点支撑形成架空面、由线连接形成平面或立面，像堆积木一样把一块块、一片片的平面部品在施工现场以支撑与连接构造将定制部品与通用部品组合安装，装配成三维室内空间，装修效果体现工业构造之美。标准化的装配作业程序为基础，构建产业工人队伍，快速培训快速操作。例如装配式墙面代替了传统装修施工墙体基层上采用的抹灰、贴砖、刮腻子和涂料等湿作业工法完成的墙面面层。通常在墙体上设埋件粘接或采用龙骨固定饰面板的干式工法。取消了湿作业，施工全程整洁、安静、无垃圾；零甲醛、零污染，即装即住。

5. 同步穿插施工

对于新建建筑，为最大程度实现结构与内装的施工协同，缩短施工时间、节省现场措施费用，装配式装修工程宜与结构、设备安装等施工工序同步穿插施工。当结构作业到一定楼层并制定防水隔离措施，安装完外窗、入户门后就可以进行户内装配式支撑构造、填充构造的施工。当涉及燃气、空调、电信以及水暖电等复杂的管线并存时，及早确定装修与结构穿插施工，有利于及时发现碰撞点。

6.3.2　装配式装修施工技术

1. 内装部品施工

内装部品安装前置条件应符合要求，各工序间交接界面应明确；内装部品施工宜通过工厂化的组织形式，达到现场少噪声、少污染、少垃圾的绿色施工要求；组合安装前应按照设计图纸进行定位放线，应满足集成式卫生间、集成式厨房的净尺寸要求；内装部品的组合安装顺序应符合施工方案及装配指导书的要求。

（1）装配式隔墙施工技术。装配式隔墙应与顶面、楼面基层相关结构连接牢固，连接点、加强部位应符合设计要求；当在装配式隔墙空腔层内填充材料时，填充材料性能和填充密实度等指标应符合设计要求。

（2）装配式墙面施工技术。墙体上的预留预埋应位置准确；连接构造应与基层连接牢固，并应符合设计要求；装配式墙面与门窗口套等交接处的封闭措施应符合设计要求；装配式墙面与强弱电箱、电气面板等之间的密闭措施应符合设计要求；装配式墙面安装前，应完成墙体空腔层和架空层内管线安装等全部隐蔽验收。

（3）装配式吊顶施工技术。装配式吊顶连接构造应固定牢固；吊顶板上的灯具、风口等设备按设计位置安装，交界处的封闭措施应符合设计要求；吊顶板安装前，应完成架空层内管线安装等全部隐蔽验收。

（4）装配式楼地面施工技术。按设计图纸放出地面标高控制线，位置应准确，基层应整洁；装配式楼地面安装前，应完成架空层内管线安装等全部隐蔽验收；装配式楼地面与墙面、门槛等之间的密闭措施应符合设计要求；楼地面的防水层在门口处应水平延展，并应符合相关规范的规定。

（5）集成式卫生间施工技术。施工前，应对卫生间基层、预留孔洞等进行隐蔽验收；按设计图纸定位放线，放线应清晰，位置应准确；防水层施工应符合设计要求，墙面、卫生器具、卫浴配件、电气面板等组合安装时，应有可靠的防水层保护措施；卫生器具、卫浴配件、电气面板等应安装牢固，与墙面、台面、地面等接触部位应有可靠的密封防水措施；当采用整体防水底盘时，地漏应与整体防水底盘安装紧密，并做闭水和通水排放试验；整体防水底盘应与墙面防水层可靠搭接，其防水构造应符合设计要求；卫生间门框底部应设置防水构造。

（6）集成式厨房施工技术。装配式的墙面、顶面、地面经组合安装成厨房六面空间，集成柜体与墙面应连接牢固；采用油烟同层直排设备时，风帽应安装牢固，与结构墙体之间的缝隙应密封。

（7）其他内装部品施工技术。窗帘盒（杆）安装应符合设计要求，应与墙体连接牢固；顶角线、踢脚线、阳角线等安装应符合设计要求，应与墙面连接牢固；楼梯踏步、护栏、扶手造型尺寸应符合设计要求，护栏、扶手应连接牢固，紧固件不得外露；窗台板、整体窗套、整体门套应安装牢固，与墙面、窗框、门框或门窗洞口等的连接处应进行可靠密封。

2. 设备管线施工

（1）给水管线施工技术。按设计图纸放定位线，放线应清晰，位置应准确；当室内给水、中水的支管、分支管道采用模块化产品时，在现场应按设计要求安装牢固；设置在架空层内的给水管道不应有接头，管道应按放线位置敷设；架空层封闭前，应对给水管线进行打压实验。

（2）供暖设备及管线施工技术。设置在装配楼地面架空层内的管道不应有接头，管道穿过装配式楼地面处应设置保护套管；分集水器安装高度应符合设计要求，管道与分集水器应连接紧密。

（3）电气管路施工技术。设置在架空层或装配式墙体空腔内的电气管路，应按设计图纸定位放线后，按放线位置敷设。

6.3.3 装修质量控制与验收

1. 装配式装修质量控制

装修施工质量是一个系统工程，只有对整体施工过程进行质量控制才能从根本上提高建筑室内装修工程施工质量水平，要做好全面的质量控制，重点就是事前控制和事中控制。事前控制是预防、事中控制是关键，要整体上控制施工质量，事前预防和事中控制就成了重中之重。

（1）事前控制。对于装配式装修而言，事前控制侧重于测量基准线的验收、部品加工数据验收和部品进场检验，严格控制进场部品的质量、编号编码和规格尺寸，产品不合格坚决不用。事前控制另外一个制度是健全技术复核制度，在认真进行施工图会审和技术交底的基础上，进一步强化对关键部位和影响工程全局的技术工作的复核。

（2）事中控制。事中控制施工单位要严格按照施工图纸进行施工操作，遵守行业的相关规范和规定。工程监理单位或装修质量监督机构要对装修工程进行监理，严格执行每道工序，特别是隐蔽工程的签字验收制度，以保证对施工质量的控制。

2. 装修质量验收

装修质量验收是事后质量控制。在实际过程中进行质量验收时，分以下三个层次：

（1）应严格执行工序交接验收制度。由于与普通毛坯房不同，建筑所涉及的隐蔽工程等工序的质量问题，业主在验房时无法被及时发现。严格执行工序交接验收制度，有利于及时发现和解决各道工序的潜在质量问题，同时也为在出现问题时理清责任打下基础。

（2）应严格执行分户验收制度。具体质量验收按下列规定划分检验单元：

1）住宅以1个单元或楼层作为子分部工程的检验单元。

2）住宅的墙体、顶棚、地面等作为组成子分部的分项。

3）住宅的建筑给排水及供暖、通风与空调、建筑电气、智能建筑以独立系统作为子分部工程。系统下相应安装工序作为分项。

4）户箱以下的强电、弱电管线及设备，水表以后的给水管线及设备，主立管之前的排水管道及设备，宜作为装配式装修的子分部进行验收。

5）室内装配式装修工程验收应进行分户质量验收。

（3）室内装配式装修工程验收时，应检查下列文件及记录：

1）完整的施工图纸及相关设计文件。

2）满足设计要求的部品性能检测报告。

3）产品质量合格证书和进场验收记录。

4）所选用材料的复验报告。

5）各项安装施工检查记录。

随着建设水平的不断提高，工艺水平的发展，原材料不断更新，对建筑室内装修工程施工的质量标准也有新的要求，因此在装配式装修中要结合建筑装饰装修工程成熟的施工技术、新型材料以及新工艺，突出建筑装饰装修工程在安全、环保、卫生、防火以及观感方面的施工质量控制及要求，在符合国家及行业有关建筑装饰装修工程质量控制及验收标准规范的要求的基础上不断改进。

学 习 与 思 考

1. 装配式装修的基本概念及特点是什么？

2. 装配式装修的设计方法有哪些？

3. 室内装修集成技术有哪些类型？

4. 装配式装修包括哪些系统？

5. 装配式建筑各系统的施工工艺和工法是怎样的？

6. 怎样进行装配式建筑的质量控制和质量验收？

7. 装配式装修与传统装修的区别是什么？

第7章 工程管理模式与信息化应用

工程管理模式是企业技术创新发展的环境、动力和源泉，是装配式建筑在项目实施过程中的重要基础和保障，是保证工程建设的质量、效率和效益的关键。信息化是企业现代化管理的重要手段，是企业将运营管理逻辑与信息互联技术的深度融合，进而实现工程管理精细化和高度组织化。技术是企业创新发展的灵魂，采用什么样的技术，决定了企业应该采用什么样的管理模式。通过技术、管理与信息化的融合发展，进而提升并打造企业的核心竞争能力。装配式建筑发展是一个长期的、艰苦的、全方位的创新过程，需要科学的管理组织，需要建立一个高效的工程管理体制，围绕装配式建筑持续健康发展，应包括三个方面重大任务：一是建立先进的技术体系；二是建立现代的建筑产业体系；三是建立高效的工程管理体系。本章重点介绍装配式建筑的工程管理模式与信息化应用。

7.1 工程管理模式

7.1.1 工程管理现状及发展趋势

1. 工程管理现状

建筑业是国民经济的支柱产业。改革开放以来，我国建筑业快速发展，建造能力不断增强，产业规模不断扩大，吸纳了大量农村转移劳动力，带动了大量关联产业，对经济社会发展、城乡建设和民生改善做出了重要贡献。但也要看到，建筑业仍然大而不强，监管体制机制不健全、技术系统集成水平低、工程建设管理方式落后、企业核心竞争力不强、工人技能素质偏低等问题较为突出。这些问题集中反映了我国建筑业目前仍是一个劳动密集型、建造方式相对落后的传统产业，发展中不平衡、不充分的问题还十分突出，这种传统粗放的建造方式已不能适应新时代高质量发展要求。

究其问题的根本原因，主要是我国建筑业长期以来一直延续着计划经济体制下形成的管理体制机制，虽然在某些方面进行了改革，但是从企业经营活动中看，建筑企业的经营管理理念、组织管理内涵和核心能力建设等方面没有发生根本性改变。尤其是在工程建设的全过程中，设计、生产、施工相互脱节，房屋建造的过程不连续；整个工程项目管理"碎片化"，不是高度组织化；经营目标切块分割，不是整体效益最大化。这些问题已经直接影响了建筑工程的安全、质量、效率和效益。

当前，建筑业正处在转型升级的关键时期，面临的最大挑战是有效实施新旧产业的新变革，如何从高速增长阶段向高质量发展阶段转变。建筑业如何尽快改变传统落后的生产经营管理方式，调整产业结构，转变增长方式和工程管理模式，打造新时代经济社会发展的新引擎，实现创新发展，其意义十分重大而深远。工程管理模式是保证工程建设质量、效率、效益以及顺利实施的关键所在，随着经济社会的发展和科技水平的进步，工程管理模式逐步发挥着不可忽视的重要价值，在工程整个发展过程中占有十分重要的地位。

国家以大力发展装配式建筑为"引擎"和"驱动力"，走新型建筑工业化道路，推进建筑业转型升级，实现建造方式的重大变革，是建筑业新旧体制机制转换、实现生产方式革命的重要举措。在当前我国工业化、信息化和现代化高速发展的背景下，建筑业必然要迈向建筑产业现代化，建筑工程管理模式必将发生根本性变革。

2. 工程管理发展趋势

（1）工程管理的国际化发展

在我国经济不断与全球市场相互交融的情况下，我国国内不断涌现出越来越多的跨国公司和跨国性项目，同时，我国国内工程企业在海外的项目也因此增加，工程管理模式逐渐呈现出国际化的发展趋势。国外企业往往会利用资金、技术以及管理等方面的优势逐渐占领我国市场，特别是项目工程的承包市场，将会产生巨大的转变。为此，针对我国工程管理模式，应当使其逐渐使用国际市场，满足国际市场的实际需要，从而提高我国国内企业的竞争实力。

（2）工程管理的信息化发展

当前，我国信息化技术前所未有的迅猛发展，不仅深刻影响了人们的生产和生活方式，而且对陈旧的经营观念、僵化的组织机制、粗放的管理模式等各个方面进行着深刻的变革。信息时代的到来不仅推动着各个领域的进步，工程建设领域也不例外，工程管理为满足动态化信息的管理需要，必须加快改变传统化的管理模式，确保有效的信息技术与工程管理模式的有机结合，才能真正实现工程项目经济效益和社会效益的双向发展。信息化技术在建设领域的广泛应用不但改变着建筑业整个行业的体制机制，也改变着工程建造活动的技术体系、组织模式、管理手段和方法。建筑业正在经历一场建造方式的重大变革，信息化技术是推动这场革命的重要手段和主要力量之一。

（3）工程管理的全产业链发展

我国工程在建设过程中，其往往被划分成为几个相对独立的环节，且不同环节往往会通过不同的职能部门或者企业来实现管理。这种职能分割的现象在一定程度上致使工程缺乏整体意识，同时也造成人力资源的浪费，无法达到真正意义上的决策正确性和合理性。在工程发展规模不断扩大的情况下，工程必须实现整体观念，且必须保证各个独立环节之间的协调性和整体性，不同职能部门或者企业同样承担着不同环节的责任和义务，这种局势的转变不仅有利于实现工程管理的专业化和信息化，同时也有助于降低工程风险。

（4）工程管理与技术一体化发展

按照政治经济学的技术决定管理的理论，装配式建筑的发展离不开技术与管理两个核心要素，二者缺一不可，必须要一体化融合发展。因此，发展装配式建筑，必然要充分发挥工程管理的作用，必须要整合优化全产业链上的资源，运用信息技术手段解决设计、生产、施工一体化的管理问题，并且在工程管理模式上有所突破和创新发展，才能保证装配式建筑持续健康发展。装配式建筑发展初期，存在增量建造成本的瓶颈问题，其深层次原因在于，企业还没有形成优化的、系统的、科学合理的技术与管理融合的运营体系，没有专业队伍和熟练工人，尚未建立现代化企业管理模式。因此，现阶段消解装配式建筑增量建造成本的有效手段，就是要建立高效的一体化的工程建设管理模式，这是装配式建筑持续、健康发展的必然要求。在大力发展装配式建筑的新的历史条件下，现行的工程管理模式必然要发生根本性变革。

7.1.2 常见的工程管理模式

1982 年，日本大成公司承包我国鲁布革水电引水隧道工程推行项目管理，揭开了我国工程管理模式改革的新篇章。发展至今，常见的工程管理模式包括设计—招标—建造（Design—Bid—Build，DBB）模式、设计—建造（Design—Build，DB）模式、施工—管理（Construction—Management，CM）模式、项目管理承包（Project Management—Contracting，PMC）模式、工程总承包（Engineering—Procurement—Construction，EPC）模式等。

1. DBB 模式

DBB 模式（Design—Bid—Build）即设计—招标—建造模式，也称施工总承包模式，是现行的普遍采用的一种工程项目管理模式。DBB 模式是经过建设单位的项目决策阶段和准备阶后，由建设单位委托设计单位进行项目设计，然后通过确认的设计图纸进行施工招标，由中标的施工单位进行施工的一种模式。在 DBB 模式下的建筑工业化产业链中，建设单位是核心，其最突出的特点是强调工程项目的实施必须按照设计—招标—建造的顺序方式进行，只有一个阶段结束后另一个阶段才能开始。

DBB 模式主要适用于建设规模不大，特别是普通工业民用建筑工程项目；或是建设规模虽然较大，但施工详图和招标设计图纸完备，且业主的项目管理人员和协调管理能力不足的工程项目。

DBB 模式的优点：通用性强，可自由选择咨询、设计、监理方，各方均熟悉使用标准的合同文本，有利于合同管理、风险管理和减少投资。

DBB 模式的缺点：工程项目要经过规划、设计、施工三个环节之后才移交给业主，项目周期长；业主管理费用较高，前期投入大；变更时容易引起较多索赔。

2. DB 模式

DB 模式（Design—Build）即设计—建造模式，是近年来在国际工程中常用的现代项目管理模式之一，又被称为设计和施工（Design—Construction），交钥匙工程（Turnkey），或者是一揽子工程（Package Deal）。DB 模式是广义工程总承包模式的一种，是指工程总承包企业按照合同约定，承担工程项目的设计和施工，并对承包工程质量、安全、工期、造价全面负责。

DB 模式的优点：DB 模式能够实现单一责任制，减少推诿和索赔，从而降低成本；由于设计、施工一体化，能够缩短工期；在设计阶段，总承包商可结合施工现场的施工人员的实际情况，设计先进的施工技术和施工工艺，发挥自己的技术优势和集成化管理优势，降低工程成本，提高劳动生产率。

DB 模式的缺点：由于承包商同时负责设计与施工，承包商风险会增加；工程设计可能会受到承包商利益的影响，承包商的设计可能不能够充分体现业主的要求，因而导致业主对设计阶段工程项目质量控制相对传统模式减弱。

3. CM 模式

CM 模式（Construction—Management）即施工—管理模式，又称阶段发包方式，业主在项目开始阶段就雇用施工经验丰富的咨询人员（即 CM 经理），参与到项目中来，负责对设计和施工整个过程的管理。它打破过去那种待设计图纸完成后，才进行招标建设的连续建设生产方式。其特点是：由业主和业主委托的工程项目经理与工程师组成一个联合小组共同负责组织和管理工程的规划、设计和施工。完成一部分分项（单项）工程设计后，即对该部分进行招标，发包给一家承包商，无总承包商，由业主直接按每个单项工程与承包商分别签订承包合同。

CM 模式的优点：能有效控制设计变更，降低成本风险，节约投资；缩短项目建设周期，使部分工程分批交付使用，提前获得效益。

CM 模式的缺点：增加了项目管理风险，且由于 CM 模式适合规模大、建设周期长且工期要求紧、技术复杂的项目，因此一旦发生设计变更，会造成较大的设计变更费用。

4. PMC 模式

PMC 模式（Project—Management—Contractor）即项目管理承包模式，是指由业主通过招标的方式聘请一家有实力的项目管理承包商（公司或公司联营体，以下简称 PMC 承包商），对项目全过程进行集成化管理。这种模式下，PMC 承包商与业主签合同，并与业主咨询顾问进行密切合作，对工程进行计划、组织、协调和控制。PMC 承包商一般具有监理资质，如不具备监理资质，则需另行聘请监理单位。项目管理承包模式下施工承包商具体负责项目的实施，包括施工、设备采购以及对分包商的管理。

对大型项目而言，由于项目组织比较复杂，技术、管理难度比较大，需要整体协调的工作比较多，业主往往都选择 PMC 承包商进行项目管理承包。

PMC 模式的优点：业主所选用的 PMC 承包商技术实力和管理水平都很高，有助于提高整个项目的管理水平；业主采用"成本加奖酬"的形势，对业主进行成本控制比较有利；PMC 模式会在确保项目质量、工期等目标完成的情况下，尽量为业主节约投资；PMC 公司对项目包括各个阶段、各个环节在内的全面优化，将促使项目在投产之后的整个生产寿命周期获得良好的经济效益等。

PMC 模式的缺点：在 PMC 模式中，业主方很大的风险在于能否选择一个高水平的 PMC 承包商，一般选择 PMC 的时间比较长且费用较高，这必然会影响到一定的工作效率；在 PMC 模式中，业主参与工程的程度低，变更权力有限，协调难度大；PMC 模式一般适用于投资额大且工艺技术比较复杂的国际性大型项目，适用范围狭窄，且管理项目繁杂难度大。

5. EPC 模式

EPC 模式（Engineering—Procurement—Construction）即设计—采购—建造模式，在我国又称之为工程总承包（简称 EPC），是国际通行的建设项目组织实施方式。是指从事工程总承包的企业按照与建设单位签订合同，对工程项目的设计、采购、施工等实行全过程承包，并对工程的质量、安全、工期和造价等全面负责的承包方式。

目前针对装配式建筑的发展，在国家和地方出台的指导意见中都明确提出，要大力推行 EPC 工程总承包模式，这是保持装配式建筑持续、健康发展的有效措施和必然要求。本章在下一节将重点介绍 EPC 模式的概念、内涵和特点等详细内容。

7.2 EPC 工程总承包管理模式

7.2.1 EPC 工程总承包模式内涵

1. EPC 工程总承包模式的概念

工程总承包（Engineering—Procurement—Construction）简称 EPC，是国际通行的建设项目组织实施方式。是指从事工程总承包的企业按照与建设单位签订合同，对工程项目的设计、采购、施工等实行全过程承包，并对工程的质量、安全、工期和造价等全面负责的承包方式。

在 EPC 工程总承包模式下，业主只需要提出项目可行性研究报告、项目初步方案清单和技术策划要求，其余工作均可由工程总承包单位来完成。工程总承包商承担设计风险、自然力风险、不可预见的风险等大部分风险。Engineering 不仅包括具体的设计工作，而且包括整个建设工程内容的总体策划以及整个建设工程实施组织管理的策划和具体工作；Procurement 也不是一般意义上的建筑设备材料采购，而更多的是指专业设备、材料的集中采购；Construction 应理解为比施工更广义的"建设"，其内容包括施工、安装、试车、技术培训等。EPC 工程总承包管理的本质，就是充分发挥总承包商集成管理优势，而不仅仅是施工总包或技术优势。

一般来说，工程总承包的模式是根据项目特点多种模式并存的，主要拓展的工程总承包模式有：设计—采购—施工—管理（Engineering—Procurement—Construction—management，EPCm）总承包模式、设计—采购—施工—监理（Engineering—Procurement—Construction—superintendence，EPCs）总承包模式、设计—采购—施工咨询（Engineering—Procurement—Construction—advisory，EPCa）总承包模式等。

EPC 工程总承包模式最早起源于 20 世纪 60 年代的西方国家，这种新的管理模式是随着项目复杂性增加以及业主缩短建设时间和减少建设成本等方面的要求应运而生的。现代建筑日益大型化、复杂化、多元化，在项目建设中的风险因素越来越多，大部分业主并不具备完成项目全方位管理的专业能力；而且，随着项目中借贷资金及其利息所占比例的增大，技术更新周期的缩短，市场竞争压力的增大，业主对项目建设时间更加敏感，需要更快完成项目的建设以便尽早投产；同时，绝大多数的项目在策划阶段就设定了项目的投资额度上限，在此基础上用尽可能低的造价来建成整个项目，业主才能盈利。因此业主希望以较短的时间、较低的价格来完成复杂项目的建设工作，同时将实施中的绝大部分风险让承包商来承担。

通过 EPC 承包模式，能够基本实现业主的上述要求，对于业主来说，可以将绝大部分风险转移出去，而且可以让更专业的公司负责项目的统筹管理；对于专业的总建筑企业来说，也可以通过发挥自身的管理、技术优势降低风险，同时赚取较高的利润，因而 EPC 工程总承包模式成为建筑业工程项目组织模式发展的主要趋势。

2. EPC 工程总承包模式与 DBB 施工总承包模式的比较

（1）DBB 施工总承包模式：DBB 模式也叫"设计—招标—施工"模式，是目前普遍采用的一种工程项目管理模式。合同结构图如图 7-1 所示。

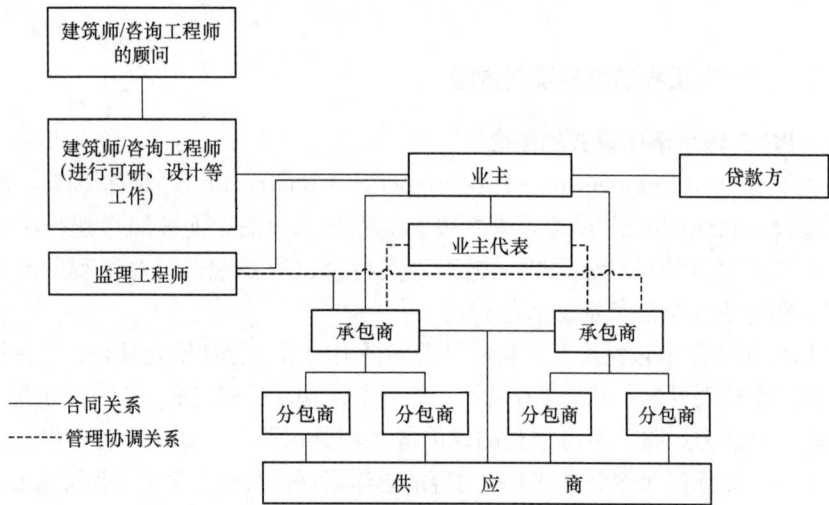

图 7-1　DBB 施工总承包模式基本合同结构图

DBB 施工总承包模式主要是业主通过招标分别选择设计单位、施工单位、材料供应商，设计、采购、施工的管理各自相对独立地承担责任义务，相互之间通过业主进行协调工作，业主对阶段性成果进行管控，业主始终处于中心位置，负责协调各参与单位的方案制定、进度计划安排、成本核算以及质量安全等各方面工作，对于工程规模较大、施工难度较高的项目，业主要面对上百个乙方，协调和控制难度非常之大，管理费用较高。也由此造成了设计、采购、施工脱节，设计难以发挥主导作用，设计变更增多，材料浪费严重，施工进度难以保证，进度、质量和安全主体责任不清，项目整体效率效益不是最大化等一系列问题。

（2）EPC 工程总承包模式：在 EPC 工程总承包模式下，总承包商负责项目的设计、采购、施工全过程工作，在合同允许的范围内，总承包商可将设计、采购、施工部分进行专业分包，专业分包商向工程总承包商负责，工程总承包商向业主负责，工程总承包商统筹管理各参与方。具体组织结构图如图 7-2 所示。

EPC 工程总承包模式具有如下特点：

1) 责任主体明确。业主与总承包商签订合同，总承包商负责项目的全过程工作，总承包商可将部分工作委托给专业分包商，分包商对总承包商负责，工作指令明确，责任界面清晰。

2) 整体效益最大化。EPC工程总承包是一种以向业主交付最终产品服务为目的，按照"一口价、交钥匙"的总包方式，对整个项目

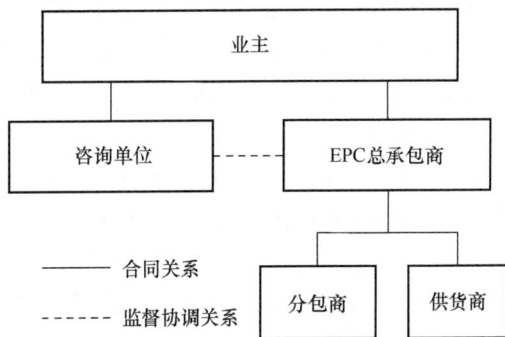

图7-2 EPC工程总承包模式组织结构图

实行整体策划、全面部署、协调运营的系统承包体系，承担项目的大部分风险，同时也获得了工程项目整体效益的最大化。

3) 项目系统全面控制。EPC工程总承包商全面负责项目的设计、采购、施工各环节，处于项目的核心领导地位。以设计为主导，使得设计、采购、施工的工作深度保证协调配合，加强各参与方信息沟通，缩短工期，提高项目管理效率。

EPC工程总承包模式与DBB施工总承包模式的对比分析见表7-1。

EPC工程总承包模式与DBB施工总承包模式的对比分析　表7-1

内容	DBB施工总承包模式	EPC工程总承包模式
分包形式	项目多次招标	一般情况下一次招标
工程造价	单项核算、总价不可控	项目总价可控、风险可控
工程设计	业主单独委托	总包方负责
采购	业主采购供应	总包方负责
施工	按图施工、大量变更	设计、施工一体化
效率	协调难、效率低	高度组织化、效率高
效益	各自效益	项目整体效益最大化

7.2.2 装配式建筑与EPC工程总承包模式

装配式建筑具有标准化设计、工厂化生产、装配化施工、一体化装修、全过程信息化管理的特征，与EPC工程总承包模式集约化、一体化管理理念相契合。发展装配式建筑应用EPC工程总承包模式，能够有效解决设计、生产、施工脱节、产业链不完善、信息化程度低、组织管理不协同等问题。因此，在国家以及地方政府相继出台的发展装配式建筑的政策措施中，都明确提出：发展装配式建筑要采用EPC工程总承包模式。EPC工程总承包模式已成为发展装配式建筑的必然选择。

1. 必要性

装配式建筑采用EPC工程总承包模式的必要性是：

（1）EPC工程总承包模式有利于实现工程建设的高度组织化。装配式建筑项目应用EPC工程总承包模式管理，业主只需表明投资意图，完成项目的方案设计、功能策划等，之后的工作全部交由总承包完成。从设计阶段，总承包单位就开始介入，全面统筹设计、生产、采购和装配施工，有利于实现设计与构件生产和装

配施工的深度交叉和融合，实现设计—生产—施工—运营全过程统一管理，实现工程建设的高度组织化，有效保障工程项目的高效精益建造。借助 BIM 技术，全面考虑设计、制造、装配的系统性和完整性，真正实现"设计、生产、装配的一体化"，发挥装配式建筑的优势。

（2）EPC 工程总承包模式有助于消解装配式建筑的增量成本。装配式建筑在推进过程中存在的突出问题之一就是 PC 构件增量成本问题，在 EPC 工程总承包管理模式下，总承包商作为项目的主导者，从全局进行管理，设计、生产、施工、采购几个环节深度交叉和融合，在设计阶段确定构件部品、物料，然后进行规模化的集中采购，减少项目整体采购成本。在总承包商的统一管理下，各参与方将目标统一到项目整体目标，以项目整体目标最低为标准，全过程优化配置使用资源，统筹各专业和各参与方信息沟通与协调，减少工作界面，降低建造成本。

（3）EPC 工程总承包模式有利于缩短建造工期。在 EPC 工程总承包模式下，对装配式建筑项目进行整体设计，在设计阶段制定生产、采购、施工方案，有利于各阶段合理交叉，缩短工期。还能够保证工厂制造和现场装配式技术的协调，以及构件产出与现场需求相吻合，缩短整体工期。借助 BIM 技术，总承包商统筹管理，各参与方、各专业信息能够及时交互与共享，提高效率，减少误差，避免了沟通不畅，减少了沟通协调时间，从而缩短了工期。

（4）EPC 工程总承包模式能够整合全产业链资源，发挥全产业链优势。装配式建筑项目应用传统项目管理模式突出问题之一就是设计、生产、施工脱节，产业链不完善，而 EPC 工程总承包模式整合了全产业链上的资源，利用信息技术实现了咨询规划、设计、生产、装配施工、管理的全产业链闭合，发挥了最大效率和效益。

（5）EPC 工程总承包模式有利于发挥管理的效率和效益。发展装配式建筑有两个核心要素：技术创新和管理创新。现阶段装配式建筑项目运用新的技术成果时仍采用传统粗放的管理模式，项目的总体质量和效益达不到预期的效果，应用 EPC 工程总承包模式能够解决管理中的问题，解决层层分包、设计与施工脱节等问题，充分发挥管理的效率与效益。

2. 主要优势

发展装配式建筑并推行工程总承包管理模式，可以有效地建立先进的技术体系和高效的管理体系，打通产业链的壁垒，解决设计、生产、制作、施工一体化问题，解决技术与管理脱节问题。通过采用工程总承包模式保证工程建设高度组织化，降低先期成本提高问题，实现资源优化、整体效益最大化，这与建筑产业现代化的发展要求与目的不谋而合，具有一举多得之效。装配式建筑采用 EPC 工程总承包模式的主要优势具体体现在：

（1）规模优势。通过采用 EPC 工程总承包模式，可以使企业实现规模化发展，逐步做大做强，并具备和掌握与工程规模相适应的条件和能力。

（2）技术优势。采用 EPC 工程总承包模式，可进一步激发企业创新能力，促进研发并拥有核心技术和产品，由此提升企业的核心能力，为企业赢得超额利润。

（3）管理优势。采用 EPC 工程总承包模式，可形成企业具有自己特色的管理模式，把企业的活力充分发挥出来。

（4）产业链优势。通过工程总承包模式，可以整合优化整个产业链上的资源，解决设计、制作、施工一体化问题。

3. 主要作用

在工程项目建设方面主要发挥以下作用：

（1）节约工期。通过设计单位与施工单位协调配合，分阶段设计，使施工进度大大提升。比如：深基坑施工与建筑施工图设计交叉同步；装修阶段可提前介入、穿插作业等。

（2）成本可控。EPC工程总承包是全过程管控。工程造价控制融入了设计环节，注重设计的可施工性，减少变更带来索赔，最大程度地保证成本可控。

（3）责任明确。采用EPC工程总承包模式使工程质量责任主体清晰明确，一个责任主体，避免职责不清。尤其是保证施工图最大限度减少设计文件的错、漏、碰、缺。

（4）管理简化。在工程项目实施的设计管理、造价管理、商务协调、材料采购、项目管理及财务税制等方面，统一在一个企业团队管理，便于协调、避免相互扯皮。

（5）降低风险。通过采用EPC工程总承包管理，避免了不良企业挂靠中标，以及项目实施中的大量索赔等后期管理问题。尤其是杜绝"低价中标高价结算"的风险隐患。

7.2.3 EPC工程总承包运营管理

1. EPC工程总承包模式管理流程

装配式建筑项目应用EPC工程总承包管理模式，业主提出投资意图、目标和要求，并对总承包商的文件进行审核，总承包商负责项目的设计、生产、施工、运维工作，并对项目的进度、质量、费用、安全、信息沟通等全面负责。EPC模式下装配式建筑项目的主要参与方包括：业主、总承包商、分包商、咨询单位和供应商。根据项目需求，总承包商可将部分设计、施工工作分包给专业公司。管理内容包括七个方面：组织模式、合同关系、信息管理、进度管理、质量管理、费用控制和协调管理。总承包商通过建立管理信息化平台，为各参与方提供了协同交流的平台，从项目策划，直至设计、构件生产、装配施工、运行和维护各阶段的全过程信息能够及时传递和交互，提高生产、管理效率。如图7-3所示。

（1）策划管理阶段。在这个阶段需要对项目进行可行性研究，评估立项，确定项目的总投资额、总体进度，完成部门建设和项目组织形式，明确项目各参与方和各参与人员职责分工。

（2）设计管理阶段。EPC模式下工程项目管理是以设计为主导，项目费用控制的关键阶段就在于设计阶段，在设计阶段完成初步设计和施工图设计，同时将设计与采购、施工、调试进行合理的交叉与协调，能够有效避免由于设计而造成的采购、施工问题，从而能有利于降低工程成本和工程工期，提高项目管理效益。

（3）采购管理阶段。采购阶段是根据设计要求采购工程所需的所有设备材料，

133

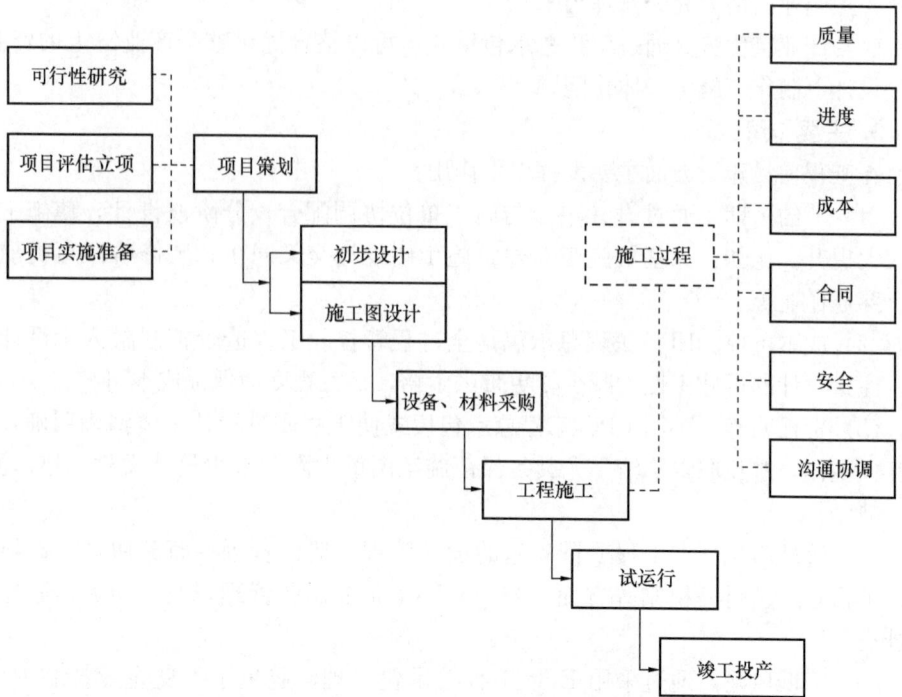

图 7-3　EPC 工程总承包模式管理流程图

明确设备和材料的材质、功能和规格，严格按照采购合同采购，控制好材料运输时间对工程进度的影响。

（4）施工管理阶段。施工阶段是整个项目的重要阶段，是 EPC 工程总承包管理难度最大的阶段，对项目的质量、进度、费用、材料、信息管理等进行严格控制，加强分包管理，做好各参与方和各专业部门的协调工作。在施工阶段设计人员要对施工辅助协调工作，减少设计变更，做好施工与设计、采购的衔接。

（5）项目验收移交阶段。本阶段是项目实施的最后阶段，总承包商组织验收，要做好合同收尾和管理收尾两项工作，项目投产使用后，将项目移交给业主单位，还需要对业主操作人员进行培训，明确项目服务以及保修期的工作内容。

2. EPC 工程总承包运营管理关键要点

EPC 工程总承包的运营管理关键要点是：

（1）业主在招标文件中只提出自己对工程的原则性的功能上的要求（有时还包括工艺流程图等初步的设计文件，视具体合同而定），而非详细的技术规范。各投标的承包商根据业主的要求，在验证所有有关的信息和数据、进行必要的现场调查后，结合自己的人员、设备和经验情况提出初步的设计方案。业主通过比较，选定承包商，并就技术和商务两方面的问题进行谈判、签订合同。

（2）在合同实施的过程中，承包商有充分的自由按照自己选择的方式进行设计、采购和施工，但是最终完成的工程必须要满足业主在合同中规定的性能标准。业主对具体工作过程的控制是有限的，一般不得干涉承包商的工作，但要对其工作进度、质量进行检查和控制。

（3）合同实施完毕时，业主得到的应该是一个配备完毕、可以即刻投产运行的工程设施。有时，在 EPC 工程总承包项目中承包商还承担可行性研究的工作。EPC 工程总承包模式如果加入了项目运营期间管理或维修，还可扩展成为 EPC 加维修运营（EPCM）模式。

3. EPC 总承包项目中业主与承包商的责任范围

表 7-2 中总结了在 EPC 工程总承包项目的整个过程中，业主和承包商在各实施阶段的主要工作内容。其中，业主的工作一般委托全过程专业咨询公司完成。

EPC 工程总承包项目中业主与承包商的责任范围   表 7-2

项目阶段	业　主	承包商
机会研究	项目设想转变为初步项目投资方案	
可行性研究	通过技术策划以及技术经济分析判断投资建议的可行性	
项目评估立项	确定是否立项和发包方式	
项目实施准备	组建项目机构，筹集资金，选定项目地址，确定工程承包方式，提出功能性要求和清单，编制招标文件	
初步设计规划	对承包商提交的招标文件进行技术和财务评估，和承包商签订合同	提出初步的设计方案，递交投标文件，通过谈判和业主签订合同
项目实施	检查进度和质量，确保变更，评估其对工期和成本的影响，并根据合同进行支付	施工图和深化设计图，设备材料采购和施工队伍的选择、施工的进度、质量、安全管理等
项目验收移交	竣工检验和竣工后检验，接收工程，联合承包商进行试运行	接收单体和整体工程的竣工检验，移交工程

7.2.4 EPC 总承包企业核心能力建设

1. 核心能力的概念及特征

核心能力（Core Competence）又名核心竞争力或者核心专长，由字面意思可知，其是企业的一种独有的资源或者特长，是企业提高生产效率，从而实现可持续发展的重要保障。20 世纪 90 年代，美国经济学家哈默尔（G. Hamel）和普拉哈拉德（C. K. Prahalad）在《哈佛商业评论》中的《企业核心竞争力》中首次提到了"核心竞争力"这一词汇，并对其概念进行了具体阐述，他们认为，核心竞争力是组织中的共性学识，尤其是在协调不同生产技能以及整合多种技术方面，在管理学相关理论中具有十分重要的地位。这个概念，可以从以下几个方面来诠释：第一个是"共有性"，指的是这种特有能力不受个体的存在而影响，它属于整个企业的；第二个是"协调"以及"整合"，指的是这种独有能力的形成是建立在对企业运作中的资源进行整合过程的基础上的，而不是零散的；第三个是"技能"以及"技术流"，指的是这种能力能够直观反映出企业在生产技术方面的创新能力。此后，核心竞争力的理论相继得到了学术界以及企业管理人员的高度认可，并且在理论和实践方面得到了迅速的发展，甚至已经延伸到了管理和经济之外的一些领域中。但是不同学者基于不同的研究角度，对于核心竞争力的内涵还没有形成统一的定义，而是形成了几大流派，主要有竞争观、文化观、知识观、资源观及整合观核心竞争力等。核心竞争能力具有如下特征：

（1）独特性。核心竞争力是一个特定组织在长期的生产经营过程中通过一系列的学习以及信息共享而缓慢形成的独特能力，是特定组织个性化长期发展的最终产物，这也就决定了核心竞争力是不易被其他组织所模仿的。核心竞争力既包括了其在公共平台所发布的一些信息资源，也包含了处于保密状态的技术优势，它与组织的特殊性是密切相关的，产生于独特的组织机制以及特殊的环境中，所以两个企业拥有同样或者相似的核心竞争力几乎是没有可能的，核心竞争力是无法模仿的，也是无法通过交易来获取的。

（2）价值性。核心竞争力在企业中最显著的作用就是明显提高了企业的生产效率，这就使得企业在竞争市场中较相对竞争对手拥有了一定的优势，更容易取得投资成功。核心竞争力的价值性主要表现在两个方面：一个是对企业而言，能够创造更多的价值，从而获取更多的市场优势；另一个则是相对客户而言，核心竞争力能够促进客户价值的实现，为其提供满意的服务以及产品。因此，不论是从企业角度还是客户角度来说，核心竞争力都具有价值性。

（3）长期性。核心竞争力是企业在发展过程中逐渐积累形成的，需要不断地完善和强化，这个过程可能需要相当长的时间。通常来说，国际一流企业的核心竞争力形成所需要的时间相对较短，一般为十几年左右，而管理机制不够完善的中小型企业在核心竞争力的形成上所需要花费的时间则更多，就建筑施工企业来说，其核心竞争力形成花费的时间是由其项目的流动性以及建设周期的长期性决定的。与此同时，企业的竞争优势也会随着市场环境的变动而发生改变，要想在日益激烈的市场竞争中不被淘汰，就必须针对企业的核心竞争力进行持续的创新和培育，否则，企业的核心竞争力就会逐渐变弱，从而被其他企业赶超甚至淘汰。

（4）动态性。企业的核心竞争力的强弱并不是一成不变的，其会随着外部环境的变动而发生一定的变化，同时也会受到企业内部环境的影响，外部环境主要表现为：市场供求关系、产业动态等；内部环境主要表现为：组织结构、信息技术等。因此企业需要进行不断的创新和培育来保持竞争力的稳定性，实现差别化竞争，创造可持续利润。

2. EPC 工程总承包模式企业核心能力分析

目前我国具备 EPC 工程总承包能力的企业较少，从事工程总承包的企业按照核心能力要求，大致可以归纳为以下几类：

（1）依靠设备制造能力从事工程总承包。中国这一模式的企业主要包括电气设备制造商、高铁设备制造商，中国中车等企业承接了大量工程总包业务，其依靠的就是在设备方面的杰出能力。

（2）依靠技术能力从事工程总承包。化工行业的设计院很早进入工程总承包业务领域，也较早地转型为工程公司，他们在技术、新工艺、关键部件的设计制造上都有优势，而工业领域的总承包模式从化工设计院起步，逐步从化工行业逐步延伸到电力、有色、黑色、电子、医药、轻工、造船等诸多行业，我们看到综合能力强的设计院都布局总承包业务，也承接了相当体量的总承包项目。

（3）依靠总承包管理能力从事工程总承包。目前多数建筑施工企业没有设备制造能力、没有设计能力、工艺等技术能力，建筑业是针对房屋建设的专项业务，要从事总承包业务，就必须整合这些能力，要具备设计能力，要有构件生产能力，从而形成设计、生产、施工的技术与管理的组织能力。

3. EPC工程总承包模式企业核心能力建设

EPC工程总承包企业是我国大型建筑业企业的项目组织实施方式变革的目标模式，这一新的企业模式与传统模式相比，不仅表现在建造技术和核心业务上，更重要体现在经营理念、组织内涵和核心能力方面发生了根本性变革。

在经营理念方面，是以房屋建筑为最终产品的理念，并以实现工程项目的整体效益最大化为经营目标。

在组织内涵方面，主要是建立了对整个工程项目实行整体策划、全面部署、协同运营的承包体系。

在核心能力方面，重点体现在技术产品的集成能力和组织管理的协同能力，并具有独特性。

在企业核心能力建设具体体现在以下方面：

（1）具有完善的总承包企业组织机构。EPC工程总承包项目的实施需要强有力的组织保障体系，在目前我国大型施工企业还没有建立EPC工程总承包模式时，仅仅对项目部层面的组织结构和职责分工做出一般性规定，甚至将EPC项目管理等同于项目部对项目的管理，难以满足EPC项目成功实施的组织功能需要。EPC项目完整的生产管理过程应包括：企业组织体系内各职能部门的参与，各职能部门不仅需要制定计划、提供资源，完成专业监督、指导和控制任务，而且直接以类似分包商的性质参与生产活动。在项目实施过程中，总承包企业在以项目部为中心的同时，还应考虑企业总部职能部门和项目部的纵向协调、工作界面、利益分配机制以及跨企业组织的横向协调工作。

（2）建立EPC工程总承包项目管理体系。管理体系与管理流程是EPC工程总承包的生产标准和依据。主要包括：建筑设计、生产工艺、施工工法以及产品选型等技术标准；采购、施工、合同、风险等管理流程；项目质量控制、验收标准；安全环保保证措施；职业健康保障措施等。

（3）形成企业的核心技术体系。首先要建立以房屋建筑为最终产品的技术思维，形成建筑、结构、机电、装修一体化的集成技术体系。一体化的集成技术体系具有系统化、集约化的显著特征。为此，要针对房屋建筑的主体结构、外围护结构、机电设备、装饰装修系统进行总体的技术优化，多专业协同，制定技术接口标准和协同原则，从而形成适合企业特有的核心技术体系，具有企业的核心竞争力。

（4）建立市场化协作化的专业分包队伍。工程总承包并不是一般意义上设计、采购、施工环节的简单叠加，更不是"大包大揽"，应具有自己独特的管理内涵。重要的是如何运用总承包的管理协调和整合能力，对市场资源的掌握以及对各专业分包企业的管理能力。要培育并建立一个稳定的长期的专业分包合作队伍，在技术、管理以及组织、协调等各方面形成密切配合、有序实施和高效运营。

（5）建立工程设计研发团队。EPC 工程总承包项目是一个以设计为主导的系统工程，设计是灵魂，设计贯穿 EPC 工程总承包的全过程，是保证质量、缩短工期和降低成本的有力保障。要通过建筑师对建造全过程的控制，进而实现工程建造的标准化、一体化、工业化和高度组织化。设计研发团队的设置是 EPC 工程总承包组织管理的重要组成部分，其设计能力和水平直接影响到工程项目的质量、效率和效益。

（6）建立集约化采购管理系统。建筑材料、部品和设备采购工作在 EPC 工程总承包模式下发挥着重要作用，尤其是采购在设计和施工的衔接中直接影响到项目的目标控制，包括成本控制、进度控制和质量控制，具有承上启下的作用。

（7）掌握预制构件的生产技术能力。装配式建筑的建造过程是一个产品生产的系统流程，对于装配式建筑项目采用 EPC 工程总承包模式，首先必须要熟悉、掌握预制构件的生产技术，有条件的企业要具备构件生产的能力。只有熟悉并掌握预制构件的生产技术，打通技术壁垒，优化产业链资源，才能真正实现设计、生产、施工一体化。

（8）建立企业信息化管理平台。信息化技术是 EPC 工程总承包实现高质量发展的重要手段。EPC 工程总承包是一个完整的、复杂的、系统化的运营过程。难度大、协同性强、动态管理等非同一般，全面实施的唯一有效手段就是信息化管理。企业建立信息化管理平台，将企业内部各种信息化软件系统整合到信息化管理平台上，实现企业上下的互联互通，内部运营管理的信息共享，进而提升企业运营管理效率。企业信息化管理平台是针对不同规模企业、不同管理模式、不同业务流程等开发定制。

在工程总承包管理模式的组织架构下，每个建筑企业都需要形成一套自己的以技术和管理为基本内涵的专用体系，可以激发企业的技术创新能力，即"创造力"；企业还需要打造自身的项目管理信息平台，这对于企业资源整理能力即"整合力"有很大的促进作用；同时，建筑企业必须有效落实全面质量安全管理，这一过程对企业的全面管控能力即"执行力"的提升具有不可忽视的作用。因此，工程总承包的发展有助于建筑企业实现规模化发展，做大做强，具备和掌握与工程规模相适应的条件和能力，扩大规模优势；有助于激励企业拥有核心技术，生产出核心产品，为企业赢得超额利润，扩大技术优势；有助于企业形成具有自己特色的管理模式，整合优化整个产业链上的资源，解决设计、制作、施工一体化问题，充分发挥企业活力，扩大管理优势。推行工程总承包管理模式能够帮助建筑企业打造核心技术体系、项目管理体系和信息化管理平台，尽快进入"研发设计＋管理团队"的高级发展阶段，提高企业的核心竞争力。

7.3　信息化管理与应用

近年来，随着建筑工业化、信息化技术和互联网＋的快速发展，促进了建筑信息化管理的提出和发展，对建筑业科技进步产生了重大影响，已成为建筑业实现技术升级、生产方式转变和管理模式变革，带动管理水平提升，加快推动转型升级的有效手段。尤其是基于 BIM、物联网等技术的云服务平台的应用，保证了装配式建筑产业链各参与方之间在各阶段、各环节的信息渠道的畅通，为装配式建筑发展带来新的飞跃。

7.3.1 信息技术发展现状

BIM（Building Information Modeling）技术是近十年来在传统的 CAD 技术基础上发展起来的一种建筑信息模型集成技术，涵盖了几何学、空间关系、地理信息系统、各种建筑组件的性质及数量（例如供应商的详细信息）。建筑信息模型可以用来展示整个建筑生命周期，包括了兴建过程及营运过程。可以方便地提取建筑内材料的信息。建筑内各个部分、各个系统都可以呈现出来。项目建设的各相关参与方能够在三维的建筑模型环境中，在建筑全生命周期中协同操作建筑模型信息，从而提高工作效率和质量，减少错误和风险。20 世纪 90 年代我国在虚拟现实技术研究才刚刚起步，该技术在建筑领域上的应用研究比工业、军事、造船、飞机制造等更为滞后。随着社会经济的不断发展，虚拟现实（Virtual Reality, VR）技术逐渐地渗透进入人们的生活中，它可有效模拟人在自然环境中视、听、动等行为的高级人机交互技术。该技术是人工智能、计算机图形学、人机接口技术、多媒体技术、网络技术以及高度并行的实时计算技术等系列技术的综合集成。这种模拟改变了传统生硬、枯燥和被动的人机交互模式，增强人的感性和理性认识，具有三种基本特征：临境感、交互性和想象性。

目前在装配式建筑对传统建筑建造方式的变革中，BIM 信息化技术已经成为支撑装配式建筑发展的重要手段。在装配式建筑工程中采用 BIM 技术，打通设计、生产、施工环节全产业链的 BIM 应用，并实现 BIM 交付，数据共享。通过建立基于 BIM、物联网等技术的云服务平台，为装配式建筑提供平台支撑，畅通产业链各参与方之间在各阶段、各环节的信息渠道。

随着信息化技术的深入发展，仅仅基于 BIM 信息模型技术已经不能适用企业信息化管理要求。建设行业的企业信息化程度已经远远落后于整个社会的信息化水平，应当如何评估当前建设行业的信息化应用程度和水平，目前还没有一个统一的评价标准。根据有关资料[①]和调研分析，将企业信息化应用水平大体划分为四个层级：

一是，工具性应用阶段。可以称为"信息化 1.0"。这一阶段主要是为岗位服务的通用信息技术、计算机辅助办公、专业工具软件产品的应用。

二是，系统性应用阶段。可以称为"信息化 2.0"。此阶段信息技术与管理模块融合，局部的、专业部门业务管理系统的产品较为成熟，应用比较广泛，显著提高了管理水平，如基于 BIM 信息模型技术的应用。这个阶段，已经在零散的软硬件应用基础上实现了特定模块的集成。

三是，集成性应用阶段。可以称为"信息化 3.0"。此阶段初步形成企业大数据下的软件集成管理平台，信息互联技术与企业管理体系整体融合，总体性企业

---

① 鲁贵卿．企业信息化要从实践中来到实践中去——关于"建筑业＋互联网"困局的又思考［J］．建筑，2018（03）：20-26．

数据贯通的集成应用基本实现，应用效果明显。目前，行业内仅有少数优秀企业达到了企业级信息集成应用水平。

四是，互联性应用阶段。可以称为"信息化 4.0"。这是信息化发展的方向，也是"互联网＋"的真正内涵所在。目前，少数优秀的大企业集团在"互联网＋"的鼓舞下，已经开始组织专门力量与 IT 产业的专业公司联合研究，积极探索，寻求突破性发展。

客观地讲，目前不少建筑企业还处在工具性应用阶段，甚至还有一些企业信息化才刚刚起步。多数企业正处于系统性应用阶段，也就是处在信息化 2.0 阶段。但是，企业级集成应用已经成为众多优秀企业追求的目标。因为，大家越来越认识到，互联网时代企业只有尽快消除各种信息孤岛，实现企业上下的互联互通，实现内部运营管理的信息共享，才能提升企业运营管理效率，才能实现与社会信息的共享，才能跟上信息化社会发展的步伐。

要想实现信息共享，就必须花大气力攻克信息化集成应用这个堡垒，而要达到企业级集成应用的目标，首先要明确我们需要什么样的信息化，或者说，我们需要信息互联技术帮我们解决企业运营管理的什么问题，需要一个什么样的信息化顶层设计；如何按照选择适合企业实际的工程建设管理模式；选择什么样的建设路径才能达到信息化适用、实用、好用的目标。

7.3.2 基于 BIM 信息化协同管理与应用

EPC 项目管理模式则重视设计、采购、施工以及试运行服务过程的协同，不仅重视各个组织内部资源的优化配置和合理利用，而且重视组织外部资源，重视把组织的内部条件和外部环境结合起来纳入协同范畴，以使项目实施组织系统产生自组织功能而实现协同效应，达到项目管理目标。信息化协同管理就是利用 BIM 等先进信息技术为 EPC 项目各参与方搭建协同工作平台，实行设计、采购、施工的深度交叉，克服传统工程项目管理中广泛存在的信息沟通不畅、信息传递不及时、信息数据丢失等问题，使各参与方对项目信息进行及时传递和有效反馈，从而实现对项目的协同管理，最终达到项目整体利益最大化。装配式建筑 EPC 项目的信息化协同管理主要包括协同设计、协同构件生产和协同施工三个方面。

1. BIM 技术在设计中的协同管理与应用

工程设计作为工程建设的前提和基础，设计质量和设计管理水平关系到整个项目的质量，直接影响施工进度和工程成本，是整个项目能否顺利实施的关键环节。在 EPC 项目设计环节，业主、设计单位、施工单位之间的信息无法共享，沟通不及时，从而导致三方协调难度大，影响工程的实施。而在信息化协同管理下，可以通过 BIM 云平台，实现业主、设计单位、施工单位之间的协同管理。

（1）业主与设计单位的协同管理。业主在很多情况下都不具备专业的建设项目管理知识，对本身需求的最终建设成品也仅有一个大致的概念，进度和费用问题也只能大概估测。然而在 BIM 技术环境下，业主在方案设计阶段就能够根据设计单位做出的 3D 模型真实的感受到最终建设成品的实际效果，在施工前就可以根据 4D 模型和 5D 模型对整个建设过程的进度和费用做出相对精确的预测，以便于其安排后续工作。

（2）设计单位各专业之间的协同管理。设计单位内部的设计是按照不同的设计专业划分的，这就使得各专业的设计工作协调难度大，设计变更多，从而对工程建设项目的成本、工期、质量造成了严重影响。在信息化协同管理的整个协同设计过程中，设计单位对BIM模型进行深化与设计，各专业工程师都集中在同一BIM平台使用相同的设计规则进行协同工作，互相进行信息交流与共享，并构建各专业BIM模型。

其中，建筑、结构、机电专业模型应确保平面、立面、剖面视图表达的一致性以及专业设计的准确性、完整性；将建立的BIM建筑模型、结构模型、机电模型进行整合检查，核对建筑、结构、机电模型中各构件在平面、立面、剖面位置是否一致，是否存在构件碰撞现象，将BIM各专业模型检查报告相关信息分别存储至BIM云平台的各专业深化设计信息和各专业碰撞检查信息目录下，以方便业主与各设计专业人员查看。各专业的设计成果最后也是通过BIM云平台进行合模得到的，从而提高了设计阶段的设计效率，减少设计冲突。

（3）设计单位与施工单位的协同管理。相对于现浇混凝土建筑，装配式建筑在设计与现场施工之间又增加了构件深化设计、构件生产运输两个环节，加剧了信息断层、信息孤岛等问题，增加了信息沟通工作量，设计和施工过程的割裂使装配式建筑发展进程缓慢。

EPC项目的信息化管理下，对BIM设计模型进行碰撞检查与综合优化，最终形成设备机房深化信息、综合支吊架设计信息、净高控制信息、维修空间检查信息、预留预埋洞口信息等，将这些信息存储至BIM云平台相应文件目录下，通过信息化协同系统，对施工单位各工种之间进行协同管理，合理安排各工种进行施工，实现设计模型与施工阶段的无缝对接。

通过BIM技术，建立包含进度控制的4D施工模拟，实现虚拟施工，对新技术、新结构、新工艺和复杂节点等施工难点在计算机上预先演练建造过程，从而直观的指导工人进行现场施工，利用设计阶段的BIM模型，制定最优施工方案。

2. BIM技术在构件生产中的协同管理与应用

构件生产环节是装配式建筑建造中特有的环节，也是构件由设计信息变成实体的阶段。为了使预制构件实现自动化生产，集成信息化加工（CAM）和MES技术的信息化自动加工技术可以将BIM设计信息直接导入工厂中央控制系统，并转化成机械设备可读取的生产数据信息。通过工厂中央控制系统将BIM模型中的构件信息直接传送给生产设备自动化精准加工，提高作业效率和精准度。工厂化生产信息化管理系统可以结合RFID与二维码等物联网技术及移动终端技术实现生产排产、物料采购、模具加工、生产控制、构件质量、库存和运输等信息化管理。

3. BIM技术在施工中的协同应用

（1）成本管理。EPC工程总承包模式是集设计、采购、建造于一体的总承包模式，这样就可以通过设计、采购和施工各个单位的互相协同、综合考虑来实现项目方案的优化，在EPC工程总承包模式下，利用Naviswork软件生成的进度计划及广联达算量计价软件的计算模型工程量实现基于BIM模型的5D协同管理。

在工程项目施工过程中，施工预算、施工结算、合同管理、设备采购等工作可应用 BIM 技术进行相关记录和分析。在施工成本管理 BIM 应用中，根据 BIM 施工模型、实际成本数据的收集与整理，创建 BIM 成本管理模型，将实际发生的材料价格、施工变更、合同签订、设备采购等信息与 BIM 成本管理模型关联及模拟分析，将统计及分析出的构件工程量信息、动态成本信息、施工预算信息、施工结算信息等分别存储至 BIM 云平台相应文件目录下，以方便项目各参与方查看。用于工程造价的 BIM 软件就是指 BIM 技术的 5D 应用，它利用 BIM 模型的数据进行工程量统计和造价分析，也可以依据施工计划动态提供造价管理需要的数据。国内外 BIM 造价管理软件有广联达算量计价软件、Solibri、Innovaya 和鲁班算量软件等，目前国内施工用的较多的是广联达算量计价软件。

基于 BIM 的装配式设计模式，通过三维模型构建标准化的构配件库和部品部件的数据库。通过在前期对工程设计方案进行模拟施工，对构配件的安装、部品部件的协调度进行检测，提高施工图设计的效率以及可实施性，降低在施工过程中发生设计变更的可能性，进而降低成本。

(2) 进度管理。传统进度管理方法是根据定期的进度报告发现进度偏差，依据进度计划、偏差原因和管理者的工作经验对工程项目的后续工作进行调整。这个过程中，进度报告的反馈信息明显滞后于项目实际进度，因此，制定的进度控制内容无法很好地满足实际进度需求。另外，传统进度控制方法只是事后的弥补，不能在事中进行预测，提早发现进度偏差，制定调整方案，在 EPC 工程项目中应用有很大局限性。

采用 BIM 技术进行设计时，设计产品直接就是高仿真的三维模型，各专业三维模型创建完成后整合到一起进行碰撞检查，就可以及时发现设计产品本身存在的问题并进行修改，这样一来，交付给施工单位的设计产品本身基本上就不会有太大的问题。基于模型的 BIM 软件可以使设计可视化，并导出相关数据；还有联动功能，数据只要一处修改，关联地方自动更新，减少错误，提高变更效率，加快工程周期。目前国内外 BIM 绘图软件有 Revit、Triforma、ArchiCAD、广联达绘图软件和鲁班绘图软件等。

BIM 技术可以采用 4D 虚拟施工对 EPC 工程项目的进度计划进行管理，提前制定应对措施，使进度计划和施工方案最优。在当前新工艺新技术不断涌现的环境下，施工单位会不断接触到采用各种新工艺新技术的新项目，如何判断自身是否有能力建设这些项目以及如何在保证项目质量和成本的前提下加快施工进度就成了施工单位必须解决的问题，采用 BIM 技术对在施工前就对施工阶段遇到的新技术和新工艺进行施工方案模拟，提前发现施工过程中需要重点解决的工序和人材机等问题，施工单位还可以根据三维模型提供的工程量合理安排材料和机械的采购，在保证项目质量和成本的前提下编制施工作业计划加快施工进度。

BIM 技术在 EPC 工程项目协同管理中的应用，可以有效保证各参与方进度目标的实现，减少进度目标冲突。通过 BIM 云平台、项目的各参与方（业主、设计单位、采购单位、施工单位等）可以实时参与项目施工的全过程，实现了信息共享，避免了因沟通不及时对工程进度产生的影响。

（3）质量管理。传统的质量管理体系以质量管理人员巡视监督和表格记录为主，存在两方面问题：第一，管理人员工作量大、耗时低效，质量验收结果由质量管理人员签字把控，缺乏一套针对质量管理人员工作成果的约束和追踪机制，极易导致其违规行为；第二，设计、生产及施工各主体间及内部沟通不畅，信息不对称，信息传递速度慢。采用科技手段减少质量管理过程的人为干预，将权力关进"科技"的笼子里，不失为解决质量管理缺位问题的有效途径。

通过BIM技术创建BIM模型储存了完整的建筑信息，所有构件的材质、尺寸和空间位置都能够清晰地显示在模型中，并且可以对建筑模型进行装修，未施工之前，整个项目的最终模型就能呈现在各参与方面前，极大地消除了各参与方对项目外观质量和装修效果的目标冲突。利用BIM软件平台可以动态模拟施工技术流程，建立标准化工艺流程，保证专项施工技术在实施过程中细节上的可靠性，再由施工人员按照仿真施工流程施工，可以大大减少施工人员各工种之间因为相互影响出现矛盾等情况的出现。

基于BIM技术的数字化工地可以实时记录施工过程，对工地实况进行多方位展现，管理人员能够根据施工画面对现场实施无缝监管。因此，在BIM质量管理系统中对标签进行编辑，降低标签等级，并记录。在整个质量监控过程中，通过模型直接浏览现场，通过标签的控制编辑，质量管理者能第一时间对现场进行有效控制。

（4）安全管理。建筑业一直都是安全事故多发行业，所以安全问题也是建筑业的第一责任。在建设工程项目中，安全问题始终占据着重要的地位。可是在传统的施工管理中对安全控制一般都是采取一种事后控制的方法，实践表明这并不是一种好方法，真正避免事故行之有效的方法应该是采取有效安全预警和监测的策略。

BIM云平台的安全管理目前主要有两大作用：一是，静态管理施工中存在的风险。通过对输入的数据进行计算评估，预测可能会发生的安全事件，先做好安全防范工作，如安全示警、展示培训等；二是，动态分析和预警未知危险。在施工现场动用最新的传感技术或直接使用人力资源实时监控和评价所有安全事件，并将收集的数据实时输入BIM模型，再由安全信息模块计算与评估，将最新的分析和预警又及时通过信息推送反馈给各项目参与方。对于一些电脑不能显示完全，但可能会出现的危险部位，如：主体结构的临边防护、卸料平台、塔式起重机附着等部位则采用无人机进行巡查，实时录像拍照，对发现的危险源导入BIM模型，制成安装动画或视频，实现安全管理的可视化。业主、施工单位及监理单位可以通过模型及虚拟动画实现对施工安全的协同管理。

7.3.3 企业管理信息化集成应用

企业管理信息化集成应用是企业信息化发展的高级阶段，此阶段初步形成企业大数据下的软件集成管理平台，信息互联技术与企业管理体系整体融合，总体性企业数据贯通的集成应用基本实现。企业管理信息化集成应用就是将企业的运营管理逻辑，通过管理与信息互联技术的深度融合，实现企业管理精细化，从而

143

提高企业运营管理效率，进而提升社会生产力。实现企业管理信息化集成应用，应主要具备以下三个基本条件：

1. 企业具有以技术体系为核心的一体化建造方式

装配式建筑是在建筑技术体系上，实现建筑、结构、机电、装修一体化；在工程管理上，实现设计、生产、施工一体化。要实现两个一体化建造方式，必须运用协同、共享的信息化技术手段，才能更好地实现两个一体化的协同管理。因此，信息化技术手段的应用，主要建立在标准化技术方法和系统化流程的基础上，没有成熟、适用的一体化、标准化技术体系，就难以应用信息化技术手段。

2. 企业具备以成本管理为主线的综合项目管理体系

建设企业经营管理的对象是工程项目，只有将信息互联技术应用到工程项目的管理实践中，实现生产要素在工程项目上的优化配置，才能提高企业的生产力，才是我们所需要的信息化。工程项目是建筑企业的利润来源，是企业赖以生存和发展的基础。企业信息化建设也必须把"着力点"放在工程项目的成本、效率和效益上，因为它是企业持续生存发展的必要条件。所以说，项目管理是建设企业管理的基石，成本管理是项目管理的根本，项目过程管理要以成本管控为主线。这就需要企业严格管理、科学管理、高效管理，而企业管理信息化的过程就是通过信息互联技术的应用，使企业管理更加精细、更加科学、更加透明、更加高效的过程。

3. 企业具有多层级管理为目标的高效运营和有效管控体系

企业管理信息化集成应用的关键在于"联"和"通"，联通的目的在于"用"。企业管理信息化集成应用就是把信息互联技术深度融合在企业管理的具体实践中，把企业管理的流程、体系、制度、机制等规范固化到信息共享平台上，从而实现全企业、多层级高效运营、有效管控的管理需求（图 7-4）。企业管理信息化集成应用，应实现以下五个"互联互通"的目标：

一是企业上下互联互通。就是要实现"分级管理，集约集成"。"分级管理"

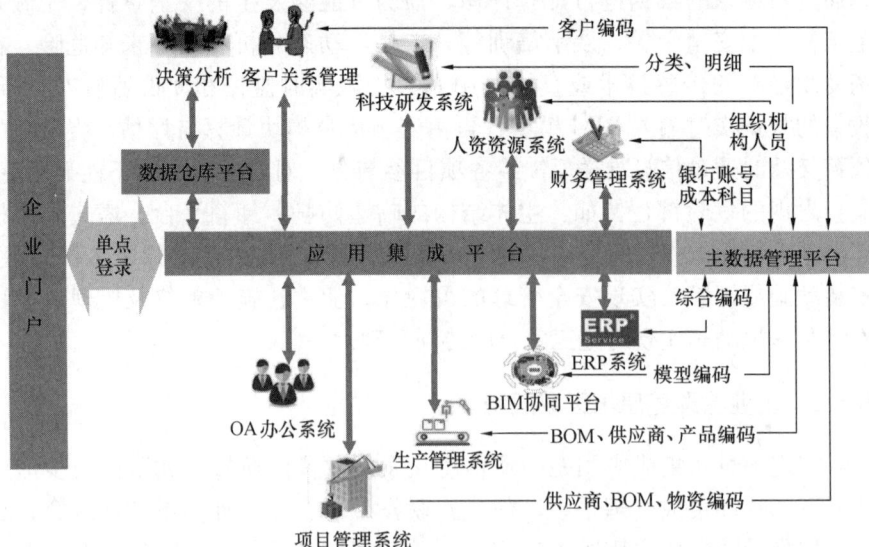

图 7-4　企业管理信息化集成平台示意图

指从企业总部到项目实行分层级管理;"集约集成"指由底层项目产生的数据,根据从项目部到企业总部各个管理层级在成本管理方面的需求,各个层级中集约集成汇总。

二是商务财务资金互联互通。就是要实现项目商务成本向财务数据的自动转换。商务数据向财务数据和资金支付的自动转换过程,应在项目的管控单位(子公司)实现,而非只在项目上实现。

三是各个业务系统互联互通。企业管理标准化与信息化的融合,就要建立企业信息化系统的"主干",也就是建立贯穿全企业的成本管理系统。最终实现业务系统的互联互通,进入"管理集成信息化"的发展阶段。

四是线上线下互联互通。就是要通过"管理标准化,标准表单化,表单信息化,信息集约化"的路径,不断简化管理,最终实现融合。系统所用的语言、所涉及的流程,都必须与实际相符合,软件开发不能站在IT的角度,而需要站在实际管理工作的角度。

五是上下产业链条互联互通。上下产业链条互联互通,就是要充分发挥互联网思维,用"互联网+"的手段,去掉中间环节,实现建造全过程的连通。比如:技术的协同、产品的集中采购,通过信息技术将产业链条上的各环节相互协同,实现高效运营。

学 习 与 思 考

1. 请简述常见的工程管理模式。
2. 请简述 EPC 工程总承包模式内涵。
3. 请对装配式建筑应用 EPC 总承包模式的优势进行分析。
4. 请对装配式建筑 EPC 运营模式的关键要点进行分析。
5. 请对 BIM 技术在装配式建筑实施过程应用的关键环节进行概述。
6. 请对企业管理信息化集成应用的未来趋势进行畅想。

第8章 装配式建筑工程案例

8.1 裕璟幸福家园——装配式剪力墙结构工程案例

8.1.1 工程概况

深圳裕璟幸福家园项目建设地点位于深圳龙岗新区坪山街道。建设用地面积11164m²，总建筑面积64050m²（其中地上50050m²），共三栋住宅建筑塔楼，总层数31～33层，层高2.9m，总建筑高度98m，设防烈度7度（0.1g），采用装配整体式剪力墙结构体系，标准层预制率50%，装配率70%。

本项目采用EPC工程总承包管理方式，总承包单位中建科技集团有限公司对工程项目的设计、采购、施工等实行全过程的管理，并对工程的质量、安全、工期和造价等全面负责。项目于2016年开工建设，2018年8月竣工，如图8-1、图8-2所示。

图8-1 总平面图

8.1.2 工程项目设计

1. 建筑设计

（1）建筑平面标准化设计

本项目建筑户型设计采用"深圳市保障性住房标准化系列化研究课题"的成果。3栋高层住宅共计944户，采用35m²、50m²、65m² 三种标准化户型模块组成，实现了平面的标准化。为预制构件设计的少规格、多组合提供了可能，图8-3、图8-4为基于标准化设计的基本户型平面布置图。

图 8-2　鸟瞰图

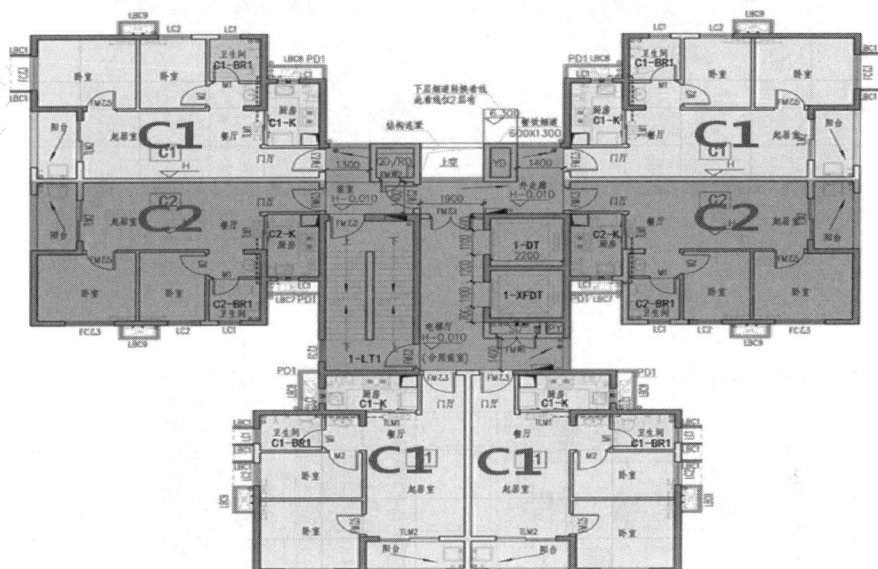

图 8-3　1号楼、2号楼标准层户型及平面图

（2）建筑立面设计

建筑外立面设计充分体现装配式结构的特点；与水平和垂直板缝相对应的外饰面分缝；装配式的外遮阳部品、标准化金属百叶（含标准化室外空调机架）；立面两种涂料色系的搭配等设计手法。图 8-5 为立面局部放大效果图。

（3）预制构件标准化设计

本工程项目对建筑户型进行了标准化设计，为预制构件的标准化设计奠定了很好的基础，设计过程中按照少规格、多组合的原则，尽可能满足预制构件规格类型少，便于制作和施工要求。图 8-6 为预制构件标准化设计示意图。

（4）建筑节点标准化设计

本工程项目对建筑节点进行了标准化设计，尽可能减少节点构造类型，统一节点设计尺寸，以减少施工过程中的现浇模板、钢筋等类型和数量，既降低了建

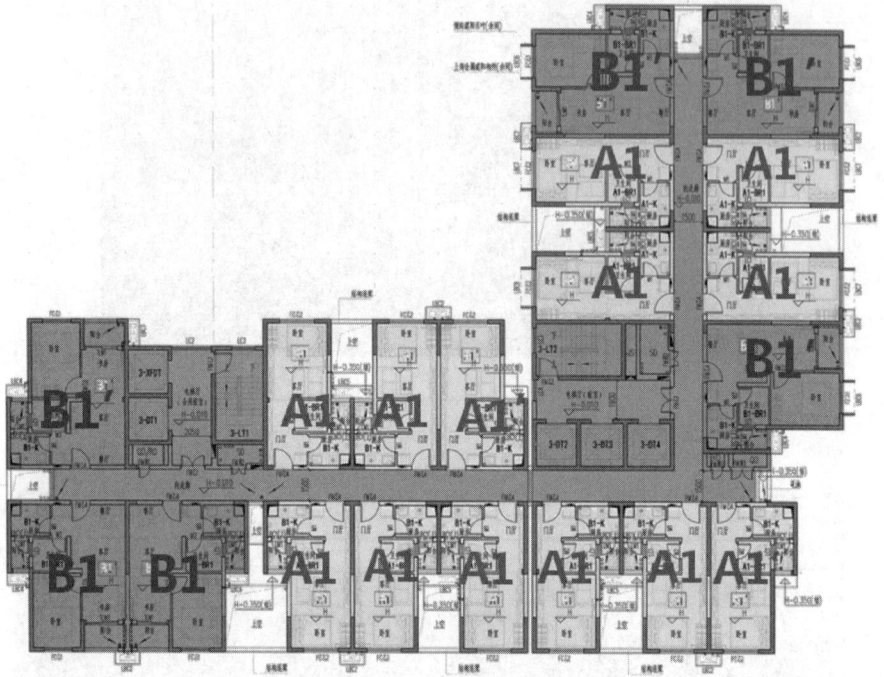

图 8-4　3 号楼标准层户型及平面图

图 8-5　立面局部放大效果图

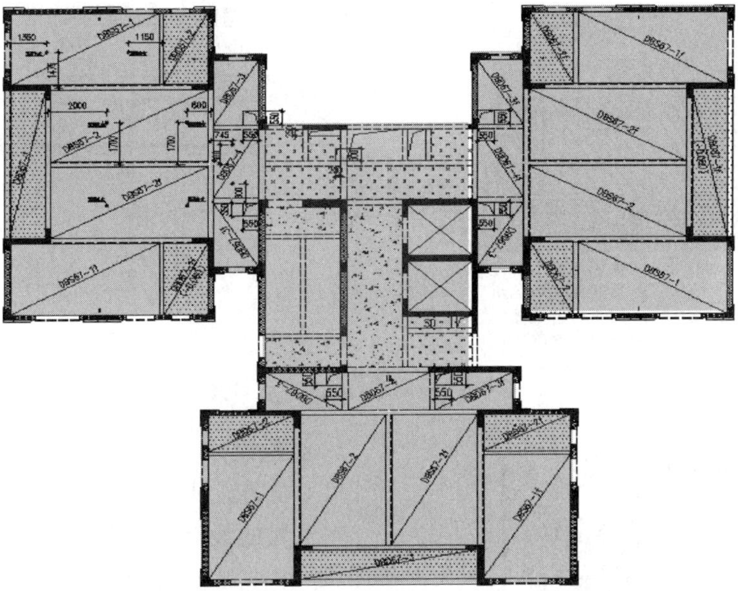

图 8-6 标准层预制构件布置图（以 1 号楼、2 号楼为例）

造成本，又提高了施工效率。图 8-7、图 8-8 分别为水平节点和竖向节点的标准化设计图。

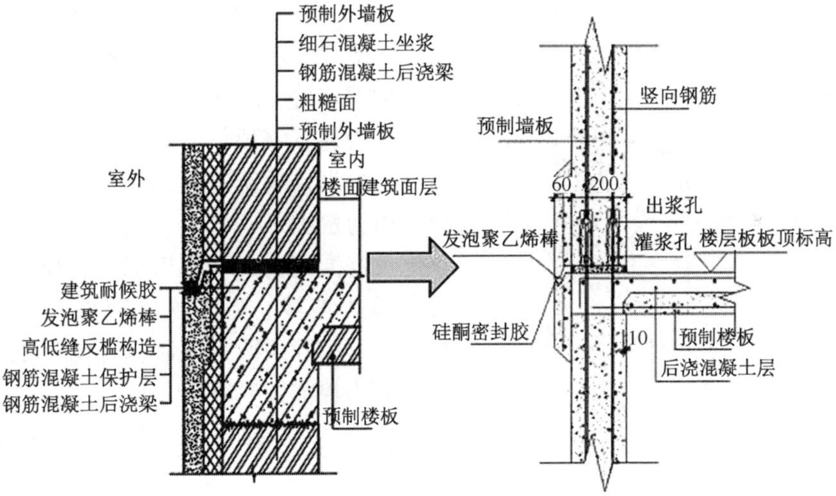

图 8-7 水平节点标准化设计图

（5）PC 外墙窗节点防水设计

基于当地雨水充沛的气候条件，本项目招标文件明确要求采用预装窗框法施工。本项目预装窗框节点采用内高外地的企口做法，上部设置滴水槽，下部设置斜坡泄水平台，在工厂预先装设窗框，并打密封胶处理。做好成品保护运输至工地后，统一装窗扇和玻璃。有效控制质量，避免现场安装密封作业，防止渗漏，保证质量。窗节点构造如图 8-9 所示。

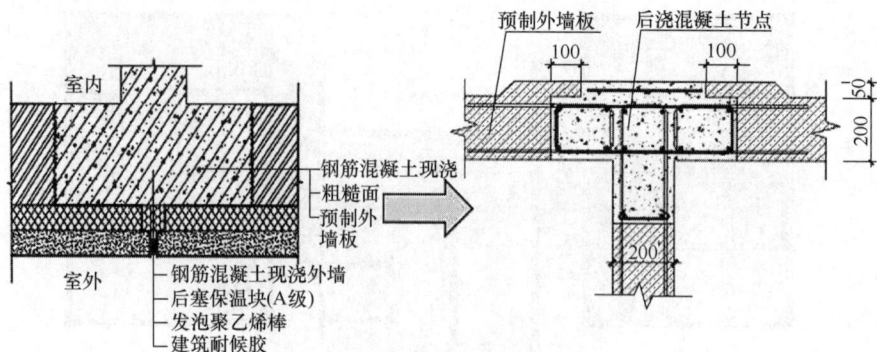

图 8-8　竖向节点标准化设计图

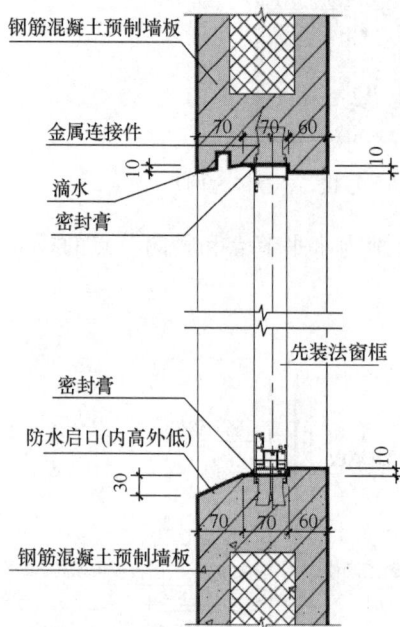

图 8-9　PC 外墙竖向缝防水节点

2. 结构设计

（1）抗震设计

本工程的设计基准期 50 年，设计使用年限 50 年，建筑结构的安全等级为二级，住宅抗震设防类别为丙类，抗震设防烈度为 7 度，设计基本地震加速度为 0.10g，设计地震分组第一组，建筑场地类别按Ⅳ类，基本风压为 0.55kN/m² （50 年重现期 60m 以下），地面粗糙度 B 类。

住宅建筑塔楼均采用装配整体式剪力墙结构体系，剪力墙抗震等级为二级。结构嵌固部位为地下室顶板。结构设计按照等同现浇结构的设计理论进行结构分析，现浇部分地震内力放大 1.1 倍。预制构件通过墙梁节点区后浇混凝土、梁板后浇叠合层混凝土实现整体式连接。为实现等同现浇结构的目标，设计中除采取了预制构件与后浇混凝土交界面为粗糙面、梁端采用抗剪键槽等构造措施外，还补充进行了叠合梁斜截面抗剪计算、梁板水平缝抗剪计算、叠合梁挠度及裂缝验算等。

（2）节点设计

本项目采用成熟的装配式剪力墙结构体系设计，PC 墙与 PC 墙的水平连接、PC 墙与现浇节点的竖向连接、PC 墙与叠合板的连接、预制叠合梁与现浇墙节点的连接、预制叠合梁与叠合板的连接、预制楼梯节点连接等，均参考《桁架钢筋混凝土叠合板（60mm 厚底板）》（15G366-1）、《预制钢筋混凝土楼梯》（15G367-1）、《装配式混凝土结构连接节点构造》（15G310-1、15G310-2）等图集。由于本项目采用内保温，外墙节点做法与国标图集的三明治夹心剪力墙的节点做法稍有区别，具体做法如图 8-10～图 8-12 所示。

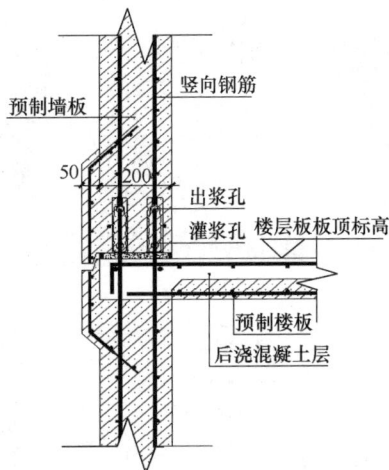

图 8-10 PC 外墙水平节点详图

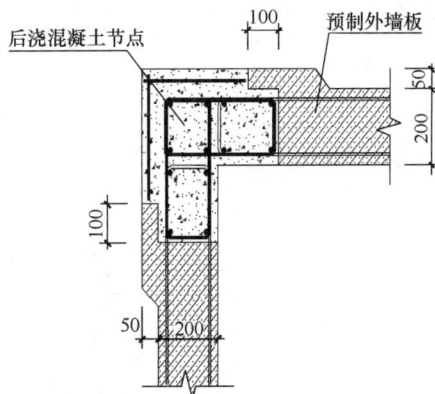

图 8-11 PC 外墙角部现浇节点详图

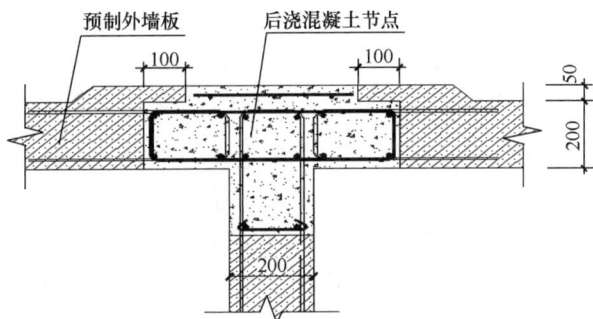

图 8-12 PC 外墙 T 形现浇节点详图

（3）预制构件深化设计

根据项目的标准化模块，再进一步进行预制构件的深化设计，形成标准化的楼梯构件、标准化的空调板构件、标准化的阳台构件，大大减少结构构件数量，为建筑规模量化生产提供基础，显著提高构配件的生产效率，有效地减少材料浪费，节约资源，节能降耗，表 8-1 为主要预制构件类型和数量，图 8-13 为主要预制构件。

预制构件类型与数量表　　　　　　　　　　　　　　　　表 8-1

构件类型		外墙板	内墙板	叠合板	预制楼梯	预制阳台	空调板	叠合梁
构件数量（块）	1 号楼	33	4	24	2	3	15	12
	2 号楼	33	4	24	2	3	15	12
	3 号楼	66	14	50	4	1	28	18

3. 设备专业设计

装配式建筑除了主体结构外，水暖电专业的协同与集成设计也是重要组成部分。装配式建筑的水暖电设计应做到设备布置、设备安装、管线敷设和连接的标准化、模数化和系统化。施工图设计阶段，水暖电专业设计应对敷设管道做精确

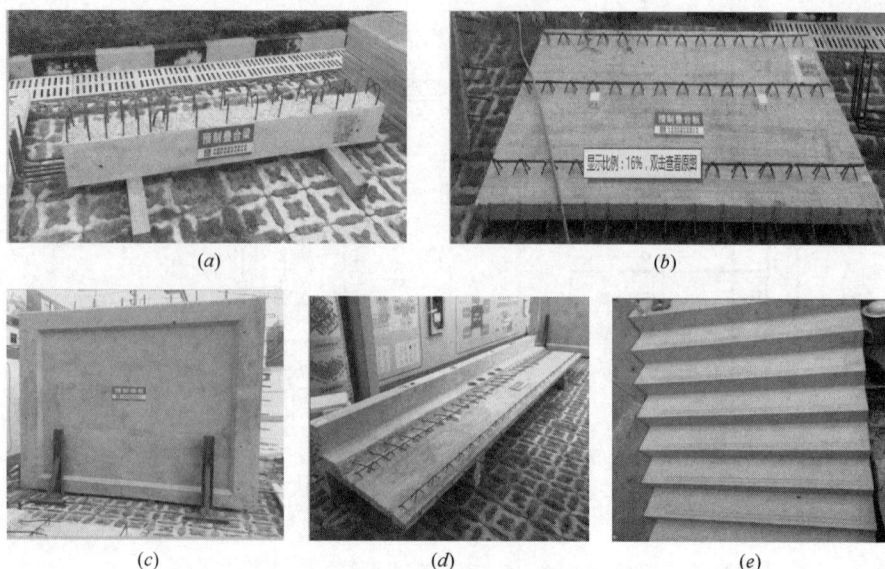

图 8-13　主要预制构件示意图

(*a*) 叠合梁；(*b*) 叠合楼板；(*c*) 预制剪力墙板；(*d*) 叠合阳台板；(*e*) 预制楼梯

定位，且必须与预制构件设计相协同。在深化设计阶段，水暖电专业应配合预制构件深化设计人员编制预制构件的加工图纸，准确定位和反映构件中的水暖电设备，满足预制构件工厂化生产及机械化安装的需要。

装配式住宅建筑采用集成式卫生间时，应根据不同水暖电设备要求，确定管道、电源、电话、网络、通风等需求，并结合机电设备的位置和高度，做好机电管线和接口的预留。

装配式住宅建筑采用集成式厨房时，应根据不同水暖电设备要求，确定管道、电源、电话、防排烟等需求，并结合机电设备的位置和高度，做好机电管线和接口的预留。

装配式建筑应进行管线综合设计，避免管线冲突、减少平面交叉；设计应采用 BIM 技术开展三维管线综合设计，对结构预制构件内的机电设备、管线和预留洞槽等做到精确定位，以减少现场返工。

4. 室内装修设计

装配式项目和传统建筑项目不同，室内装修设计要在建筑设计的初期进行同步一体化设计，包括家具摆放、装修做法等。通过装修效果定位各机电设备末端的点位，然后精确反推机电管线路径、建筑结构孔洞预留及管线预埋，确保建筑、机电、装修一次成活，实现土建、机电、装修一体化，图 8-14 为一体化装修设计图。

8.1.3　工程项目施工

1. 施工组织管理

本项目采用 EPC 工程总承包管理模式，总承包单位中建科技有限公司对工程项目的设计、采购、施工等实行全过程的管理，并对工程的质量、安全、工期和

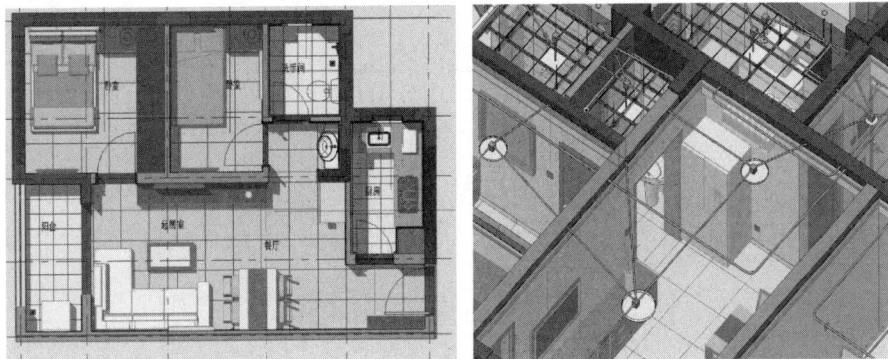

图 8-14 一体化装修设计图

造价等全面负责。

在 EPC 工程总承包模式下，业主只需要提出项目可行性研究报告、项目初步方案清单和技术策划要求，其余工作均可由工程总承包单位来完成。

2. 施工技术应用

（1）新型爬架技术

针对本项目结构特点，项目部联合爬架厂商共同设计出适用于建筑工业化的新型爬架体系，其特点架体总高度 11m，覆盖结构 3.5 层（即构件安装层、铝模拆除层、外饰面装修层），如图 8-15 所示。

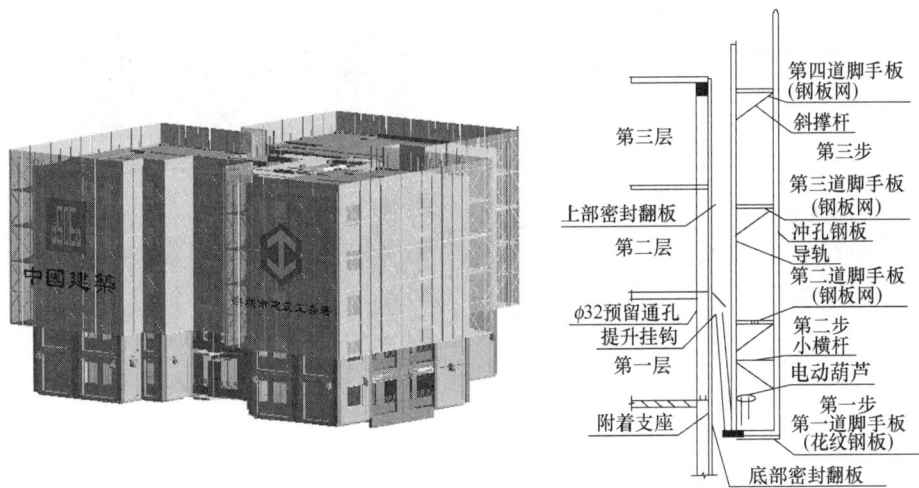

图 8-15 新型爬架 BIM 模型及剖面图

（2）装配式工装体系

针对装配式剪力墙结构特点，项目部完成了预制构件临时堆放架（图 8-16）、钢筋定位框、预制构件吊梁（图 8-17）、灌浆套筒工艺试验架、预制构件水平位移及竖向标高调节器等系列深化设计及加工制作。

（3）灌浆套筒定位装置

为解决全灌浆钢筋套筒在预制墙板生产过程中安装精度及套筒内钢筋定位的

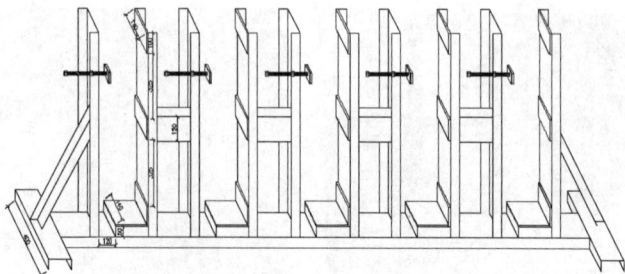

图 8-16　预制墙板堆放架示意图

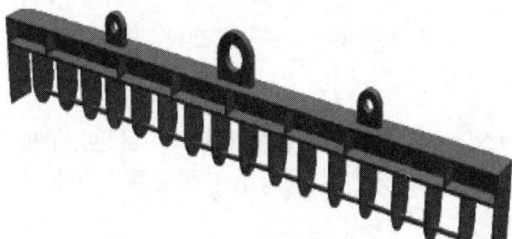

图 8-17　预制构件吊梁示意图

问题，本项目自主设计了套筒定位装置（图 8-18）。

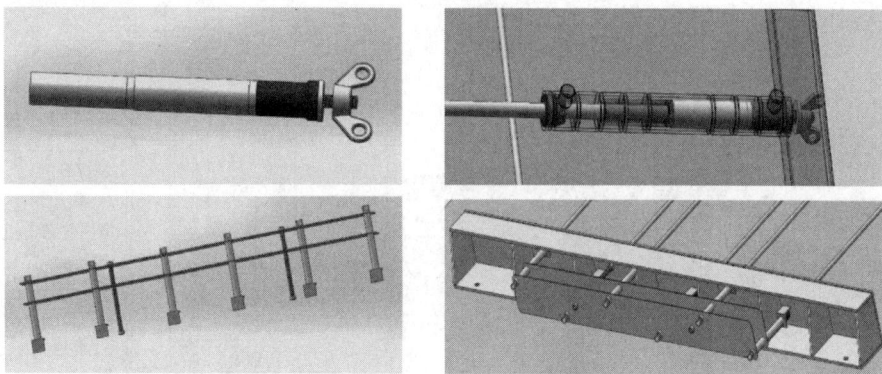

图 8-18　钢筋灌浆套筒定位装置 3D 模型

8.1.4　信息化技术应用

1. BIM 在 EPC 总承包管理上的应用

该项目在 EPC 工程总承包的发展模式下，建立以 BIM 为基础的建筑＋互联网的信息平台，通过 BIM 实现建筑在设计、生产、施工全产业链的信息交互和共享，提高全产业链的效率和项目管理水平。采用 BIM 信息化技术，将设计、生产、施工、装修和管理全过程串联起来，可以数字化虚拟、信息化描述各种系统要素，实现信息化专业协同设计、可视化装配、工程信息的交互以及节点连接模拟及检验等全新运用，可以整合建筑全产业链，实现全过程、全方位的信息化集成。图 8-19 为该项目 3 号楼标准层的 BIM 模型。

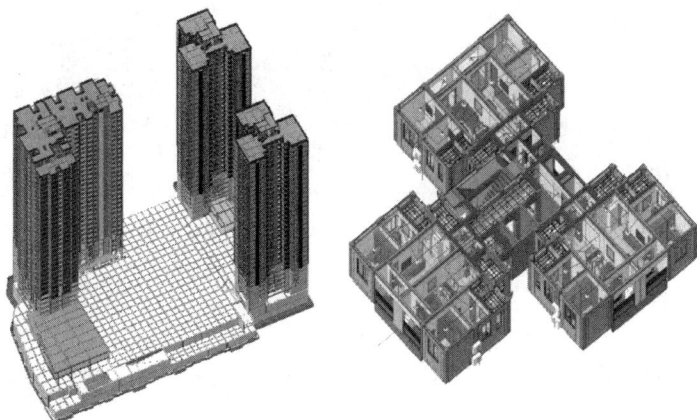

图 8-19　3 号楼标准层 BIM 模型

2. BIM 在设计阶段的应用

利用 BIM 进行预制构件拆分设计、深化设计以及三维出图；利用 BIM 进行机电管线设计及机电管线碰撞检查（图 8-20）；利用 BIM 进行精装修设计。

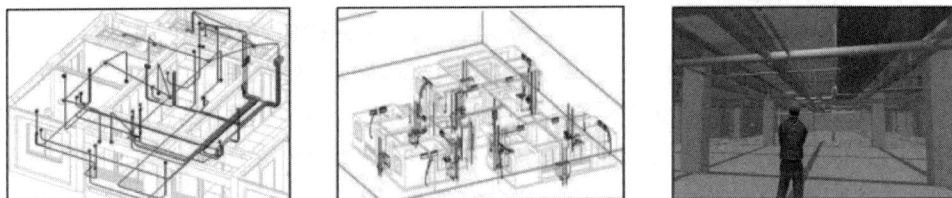

图 8-20　利用 BIM 模型进行管线碰撞检查

3. BIM 在构件生产阶段的应用

预制构件厂利用 BIM 三维图纸指导预制构件加工制作及工程量统计。实现自动导图、自动算量（图 8-21）、自动加工、自动生产的全自动化流水生产。

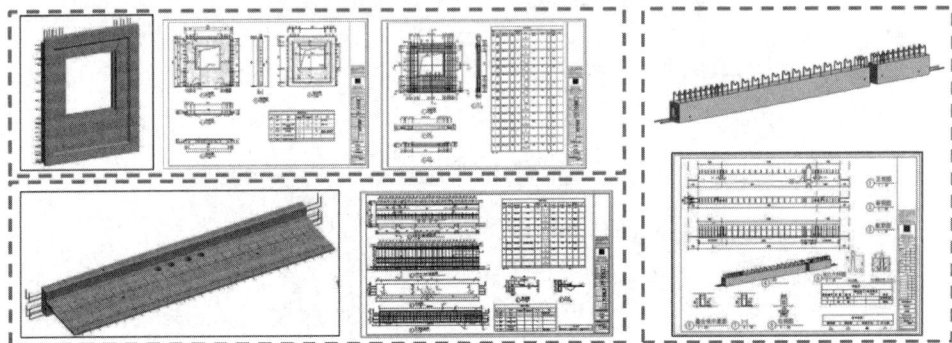

图 8-21　工厂利用 BIM 自动导图、自动算量

4. BIM 在施工阶段的应用

利用 BIM 进行施工现场平面布置模拟；利用 BIM 进行施工方案模拟（图 8-22)以及施工信息协同应用；利用 BIM 进行室内装修模型生成装修材料清单，便

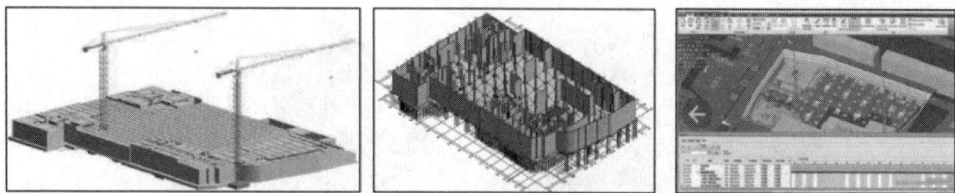

图 8-22　施工方案 BIM 模拟示意图

于商务招采及现场施工。

8.2　绍兴梅山江商务楼 —— 装配式钢结构建筑工程案例

8.2.1　工程概况

梅山江商务楼项目（图 8-23、图 8-24）位于镜湖新区的梅山脚下，基地位置南至洋江西路、西至九流渡小河、北隔河横江至梅山湿地景区、东至梅山江。本项目总体规划用地面积：51425.8m²，总建筑面积为：109996.15m²，其中地上71996.15m²，地下一层 38000m²（人防 21463.5m²），建筑密度 45.0 ％，容积率1.40，绿地率28.0 ％，机动车停车位 916 个，非机动车停车位 1141 个；该项目一共五个单体，之间通过钢结构连廊有机联系在一起，结构类型为多层钢框架结构，设计使用年限为 50 年，建筑等级为二级，耐火等级为二级，建筑抗震设防类别为丙类，抗震设防烈度为 6 度，设计地震分组为第一组，场地类别为Ⅲ类。

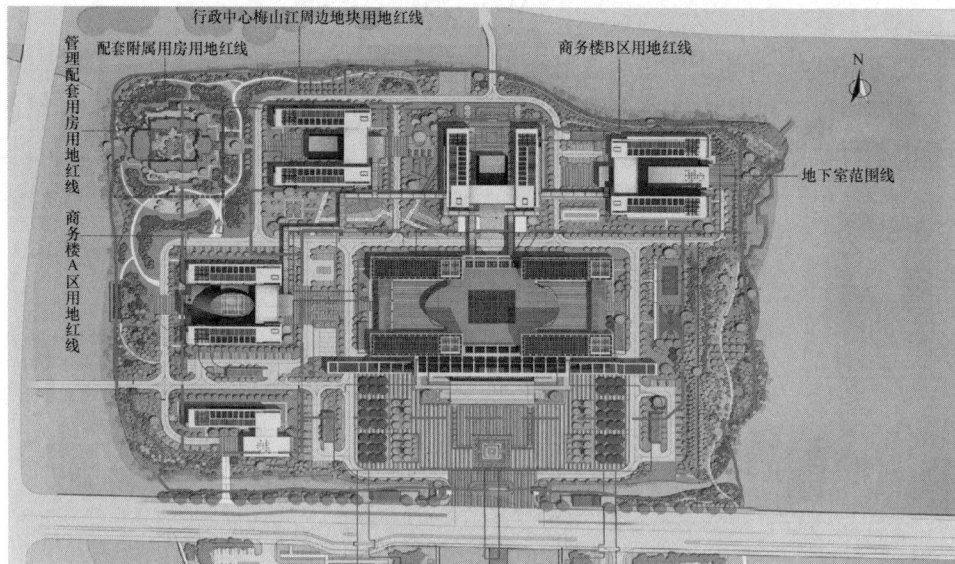

图 8-23　总平面图

本项目采用装配式钢结构集成建筑技术及理念来建造实施，其中结构系统采用全螺栓连接的钢框架结构系统，外墙系统采用单元式金属幕墙系统，楼板采用无支承的钢筋桁架楼承板和无支撑的钢筋桁架叠合楼板，内墙采用预制条板，采

图 8-24 鸟瞰图

用机电一体化技术，并利用了建筑信息化模型（BIM）技术及物联网管理技术对该项目在设计、加工、施工阶段进行了一体化的管理。

本项目采用 EPC 工程总承包模式，总承包单位浙江精工钢结构集团有限公司负责对项目的装配式建筑技术设计、采购、施工进行全过程信息化管理，项目总体装配率高达 85%，同时获得了住房城乡建设部的装配式建筑科技示范项目、浙江省推进新型建筑工业化示范项目、浙江省工程总承包试点项目等荣誉。

8.2.2 项目建筑设计

1. 建筑设计

（1）建筑平面标准化设计。本项目为 5 栋多层办公建筑，各楼之间可通过风雨连廊联系。地下室负一层，为厨房、机动车库、人防。本案塑造了简洁稳重的建筑形象，同时设计面朝东、西良好景观的"U"型标准层，可自由分隔、灵活使用，最大程度地吸纳了湿地公园的景观资源，创造了舒适宜人的办公环境。

装配式钢结构办公建筑，因其结构的规则性易于控制，可以通过统一 X、Y 方向轴网尺寸，根据轴网尺寸确定构件宽度，实现构件宽度的统一，标准层平图见图 8-25，统一各楼栋标准层层高，根据建筑层高确定构件高度，实现构件高度的统一，根据建筑总体造型设计构件形式，尽量以单个或多个构件通过规律性重复布置产生韵律感，以达到"少规格、多组合"的效果等设计手法实现建筑标准化和构件标准化。

（2）建筑立面标准化设计。立面设计以江南韵味、绍兴风骨，建筑深具水墨画和书法的审美趣味，传统的规范和精神，加上了现代的材质、构架，实现了古典与现代的细腻对话，人工与天作的完美结合，以装配式建筑理念设计整体外立面造型，既要满足建筑方案要求，同时也要兼顾"少规格、多组合"的原则，追求干净、简约、大气的风格，建立统一的预制外墙立面系统。外立面造型详见图8-26 和图 8-27。

（3）外墙系统预制构件的标准化设计。该项目外墙立面较为不规则，单元式划分前期较困难，后经过优化处理，在不改变原有建筑外立面情况下，尽量做到单元式金属幕墙规格少，见图 8-28。建筑风格尺寸如下：楼层凹窗最大尺寸

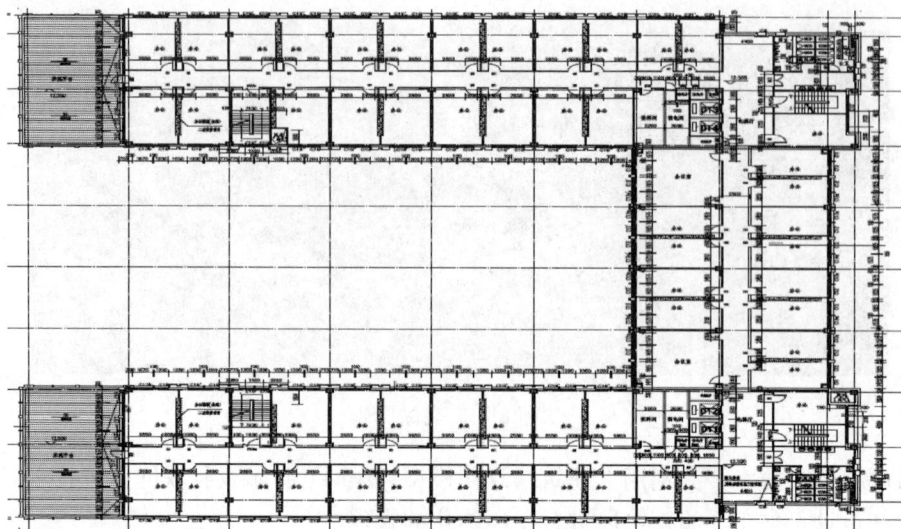

图 8-25　标准平面图

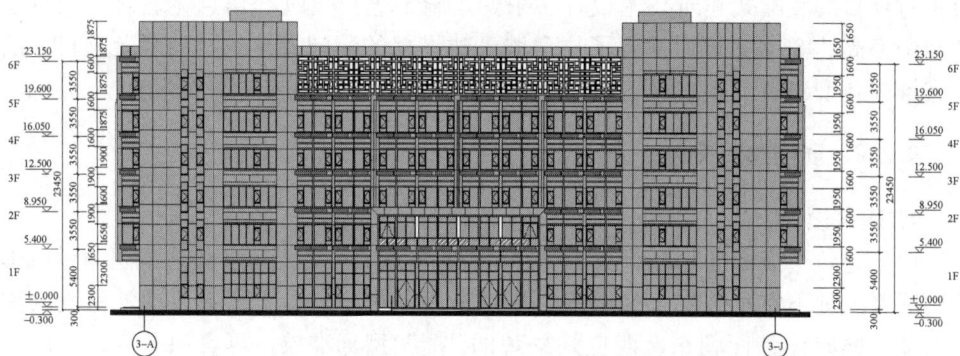

图 8-26　标准立面图一

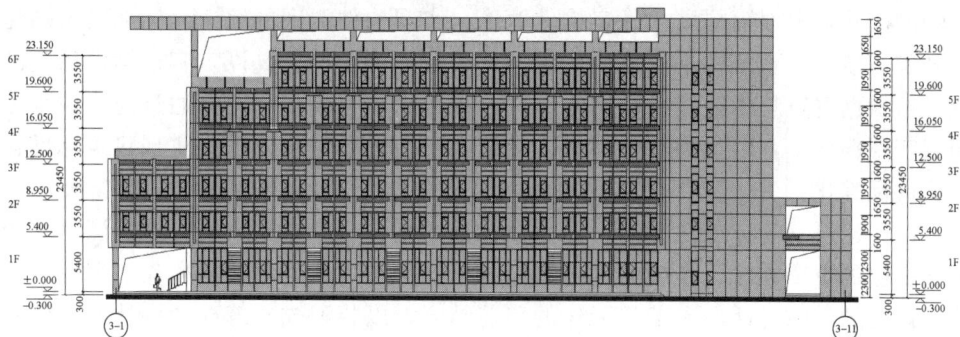

图 8-27　标准立面图二

3800mm×3500mm；层间铝隔栅最大尺寸 1600mm×3900mm；竖向铝合金包柱三种尺寸大小 1550mm×700mm，800mm×500mm，300mm×250mm；铝板幕墙最大尺寸 5400mm×1300mm。在不影响建筑划分风格的前提下统筹考虑外墙系统的经济性、可实施性等方面，通过 BIM 技术对外墙系统进行了划分，如图 8-29 所

图 8-28 幕墙单元划分图

示。将外墙系统划分为单元式构造，通过工厂内加工，如图 8-30 所示，现场快速安装，有效地保证了项目的工期。

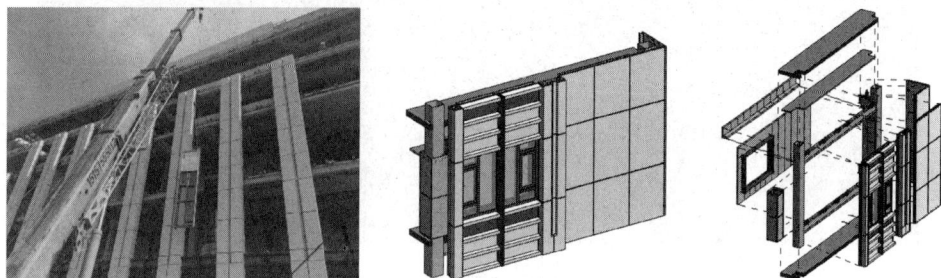

图 8-29 幕墙单元深化拆分图

图 8-30 幕墙单元工厂加工图

单元式外墙所采用的主要材料：玻璃：6Low-E ＋12A＋6＋1.52pvb＋6 钢化中空夹胶玻璃，玻璃传热系数计算结果＝1.716＜2.1W/（m² · K），热工计算满足要求。立柱：边柱采用折弯异形 C 型钢，中挺立柱采用 160 系列铝合金立柱（表面氟碳喷涂）横梁：铝合金横梁（表面氟碳喷涂）面板：3mm 厚铝单板。

2. 结构设计

（1）结构整体设计。本项目设计使用年限为 50 年，建筑结构的安全等级为二级，建筑抗震设防类别为丙类，抗震设防烈度为 6 度，设计地震分组为第一组，场地类别为Ⅲ类，基本风压为 $0.45kN/m^2$，地面粗糙度 B 类。上部结构采用装配式钢框架结构系统，地下室部分采用钢筋混凝土结构。

梅山江商务楼主体钢结构采用全预制装配式技术，钢柱、钢梁预制率 100%，现场装配率 100%，如图 8-31 所示；采用预制装配式钢结构技术大大缩短的施工工期，全程工期缩短 40% 左右，钢结构构件工厂制造，工程质量容易把控，提高工程质量，增大住宅空间使用面积，抗震性能好，使用中易于改造、灵活方便，强度高、自重轻，构件安全富余度高，降低建筑物造价。

图 8-31　梅山江商务楼施工现场图

主体钢结构采用全螺栓连接技术，相比传统的栓焊混合连接的结构，其施工速度快、质量易控制、全机械化施工。其中钢梁采用带悬臂梁的全螺栓连接，满足建筑抗震设计规范的相关要求；钢柱采用法兰连接，法兰连接作为本次项目的创新点之一，方钢柱采用法兰连接在民用建筑中很少采用，主要是由于法兰板突出钢柱影响建筑效果，但是经过结构与建筑的巧妙结合，法兰板可以隐藏在建筑吊顶范围内，法兰连接节点根据运输、吊装要求一般三层一节柱（见图 8-32、图 8-33）。法兰连接在民用建筑技术当中较少使用，其设计参考规范《钢管混凝土结构技术规范》GB 50936—2014 第 7.3.6 条相关公式进行设计。全螺栓连接技术要求加工制造精度较高，为了现场施工安全速度，项目采用了虚拟预拼装及 3D 扫描技术对预制构件进行了模拟装配施工。

图 8-32　3D 扫描技术现场图　　　　图 8-33　法兰螺栓连接示意图

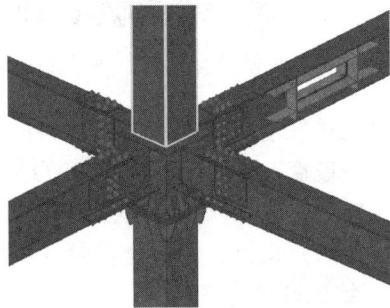

项目楼面系统采用钢筋桁架楼承板（图 8-34）和钢筋桁架叠合楼板（图 8-35）；房间有吊顶的采用钢筋桁架楼承板，无吊顶设计的采用钢筋桁架叠合楼板。

钢筋桁架楼承板和钢筋桁架叠合楼板实现了机械化生产，有利于钢筋排列间距均匀、混凝土保护层厚度一致，提高了楼板的施工质量。可显著减少 70% 的现场钢筋绑扎工程量，加快施工进度，增加施工安全保证，实现文明施工。

图 8-34 钢筋桁架楼承板

图 8-35 钢筋桁架叠合楼板

（2）预制构件的深化设计。根据项目的标准化设计理念，在进行构件的标准化设计过程中，统筹考虑构件的种类，尤其是钢梁、钢柱的规格不宜过多，减少构件的规格，有利于工厂的大规模生产制造，提高生产效率、减少材料浪费，可以有效地节约资料。该项目的主要构件规格见表 8-2。H 型钢梁规格一共五个类型，矩形柱 3 个规格，结构的平面布置图如图 8-36 所示。

构件材料规格表 表 8-2

构件	规格	材质
柱	B400×16	Q345B
	B450×20	Q345B
	B500×25	Q345B
梁	H500×250×10×16	Q345B
	H450×200×8×12	Q345B
	H500×200×10×16	Q345B
	H600×250×12×20	Q345B
	H700×250×12×20	Q345B

3. 设备专业设计

本工程为集办公、会议为一体的商务综合体，工程体量大、机电专业种类多，机电深化设计需要考虑各专业之间的空间关系、穿插顺序及与装饰面层之间的关系，机电深化设计是本工程的技术管理重点。总包设立专门的深化设计部，派专人负责组织、协调、督促各机电分包的深化设计的及时性和统一性，并积极动员业主、设计院、监理等单位定期进行评审，确保深化设计的优质。

本项目中建筑规划要求，建筑净高受到限制，采用在钢结构梁上进行开洞处理，办公类建筑设备管线多，排布比较复杂，设备开洞可以增加 300mm 的建筑净高，管线需要进行精确定位后钢梁上的才可以在工厂内制作，以方便施工时管线现场的有效布置。通过 BIM 技术提前对机房、走道、管井等管道集中的部位进行

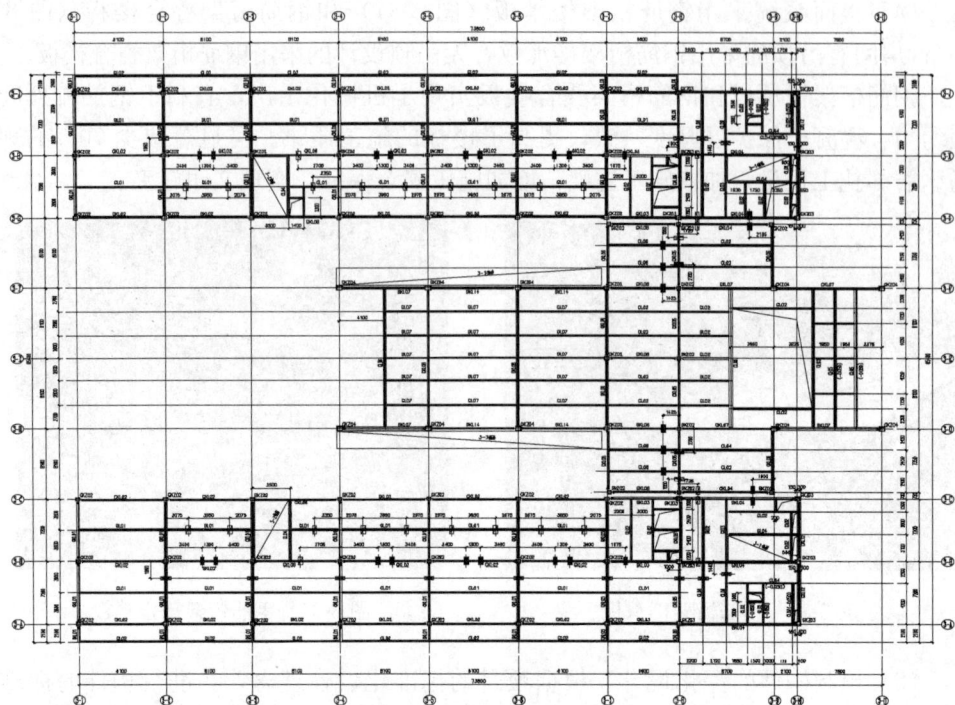

图 8-36　结构平面布置图

深化设计，管线综合排布并优化后绘制三维管线图（图 8-37、图 8-38）、平面布置图、剖面图及大样图等指导现场施工。

图 8-37　综合管网图

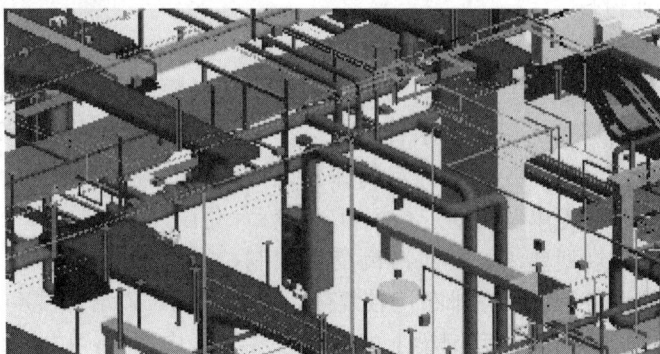

图 8-38　设备管线 BIM 局部图

4. 室内装修设计

装配式钢结构建筑不同于传统建筑，室内装修设计需要在建筑方案阶段进行一体化的设计，需要整体考虑设备管线、建筑结构的预留洞口、管线的预埋，再确保建筑、结构、机电、装修一体化，以达到装配式钢结构建筑的最佳优势。

8.2.3 项目装配施工

1. 施工组织管理

本工程采用 EPC 工程总承包管理模式，承担工程项目总的管理协调责任，应对本工程施工进行整体策划、统一管理、统一协调，负责本工程的整体组织设计，包括对项目的装配式建筑施工图设计、装配式构件深化图纸设计、预制构件的加工制造等；管理各专业施工的质量、安全、进度，确保整体工程提前或按期竣工，工程质量达到一次交验"合格"标准。并且总承包对本工程的质量、安全、工期、文明施工等负完全责任。

2. 施工技术应用

本工程共由 5 栋商务楼组成，各塔楼通过钢连廊相互连接其中 1 号楼、4 号楼地下室一层，地上五层；2 号楼、3 号楼地下室一层，地上六层；5 号楼地上二层。主要结构形式为钢框架结构，部分采用空间桁架结构，根据工程结构特点，框架钢结构采用分段吊装的方法进行施工。结构构件采用工厂预制生产、桁架工厂分段制作、现场装配施工的方式。工程施工采用连续交叉施工作业（图 8-39）。

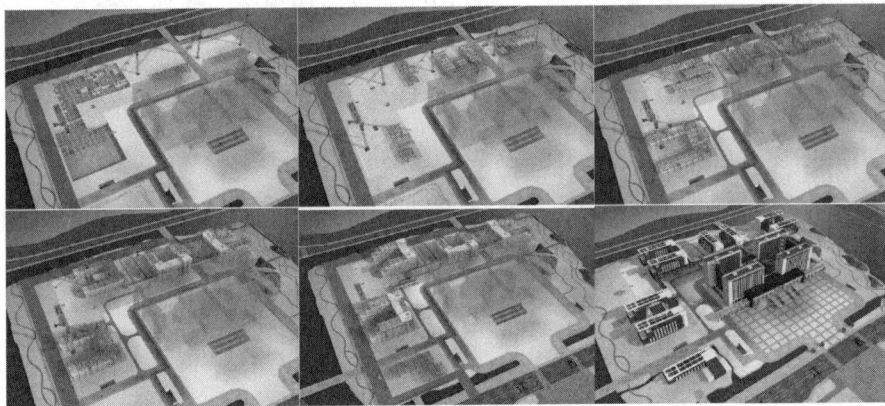

图 8-39 连续交叉施工作业图

8.2.4 BIM 信息技术应用

1. BIM 信息技术在项目方案阶段中的应用

本项目采用 BIM 模型（图 8-40），钢结构部分采用 Tekla Structures 软件进行参数化建模，土建及机电部分采用 revit 软件进行建模。本项目分为 5 个地上单体和地下室 6 部分进行建模，各部分一个中心文件，各专业通过各单体中心文件进行协同工作，发现问题及时反馈与修改，减少了后期施工过程的设计修改。

本项目模型深度达到 LOD400，土建及机电均按真实建模，包含详细构造做法。模型中有详细的幕墙节点构造做法，让现场施工人员能够直观了解幕墙的安装方式。

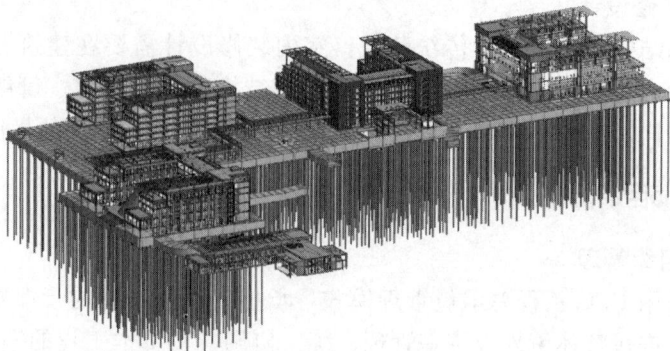

图 8-40　建筑 BIM 模型图

钢结构部分会运用物联网系统通过精工 BIM 平台进行监测及管理。因而每一栋钢结构模型不仅仅只是一个三维展示模型而已，每一栋的钢结构按照工厂生产加工要求，进行了钢构件的拆分，每一个钢构件都被赋予了单独的二维码信息，包含其唯一编号、定位信息、规格、构件尺寸、重量、材质等。这些数据信息将被运用在工厂加工、运输管理、施工管理中，在建造全过程中起到了至关重要的作用。

在 BIM 平台中每一个项目都有详细的项目基本信息、现场资料、投标文件、设计文件、深化文件、现场照片、BIM 模型文件、预拼装报告、碰撞报告及相关联系人信息。

在 BIM 平台中，有预警系统，项目构件如果未按预定的计划进行发货，会有预警提醒，确保钢构件能按时进场安装。项目也能进行实时进度查询，成品入库和出厂量统计均能在平台中进行查询。项目业主、设计方及施工方等能通过该 BIM 平台，对项目进行把控。

2. BIM 信息技术在设计阶段的应用

在项目的设计过程中需要及时发现设计中的"错、漏、碰、缺"问题，及时地进行更正，减少设计修改、变更的次数。利用 BIM 技术中的碰撞检测可以三维立体的、直观的显示出问题，根据构件的 ID 号码可以很精准的定位出各专业设计中的错误和各专业之间的冲突（图 8-41），提高设计质量和工作效率，使得设计成果更满足施工标准和生产需要。

3. BIM 信息技术在制造阶段的应用

预制构件的加工生产目前可以利用 BIM 信息化模型进行指导工厂加工制造及工程量自动统计，实现自动导图、自动算量、自动加工、自动生产的全过程信息化管理（图 8-42）。

4. BIM 信息技术在施工阶段的应用

本项目是全程使用 BIM 进行深化设计，深化后的 BIM 模型具有其三维几何信息和物理信息，工厂根据生产要求赋予模型中构件唯一编码信息。所有构件的三维几何信息及编码信息共同构成 BIM 物联网数据库。这些数据库也会反馈到 BIM 模型中。工厂加工好钢构件后，会将该构件的数据信息，制成二维码，贴在钢构件上，此二维码将引领钢构件完成其建造使命。

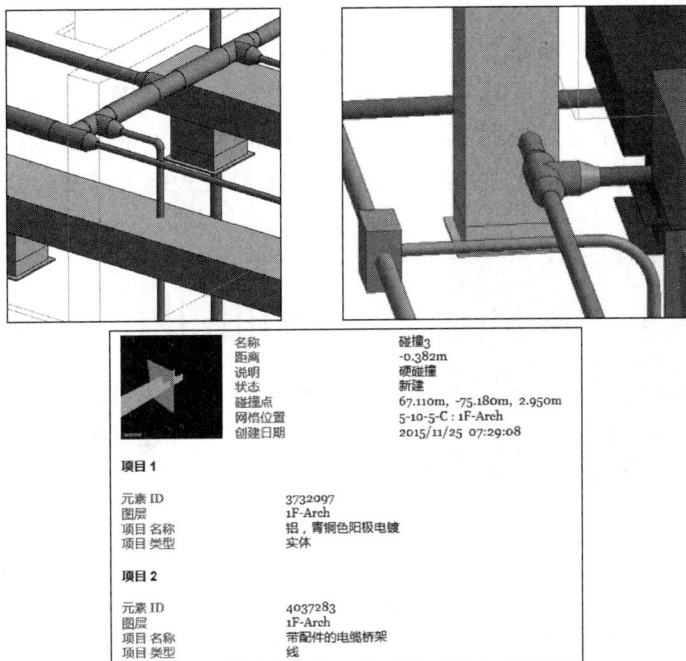

名称	碰撞3
距离	-0.382m
说明	硬碰撞
状态	新建
碰撞点	67.110m, -75.180m, 2.950m
网格位置	5-10-5-C：1F-Arch
创建日期	2015/11/25 07:29:08

项目 1

元素 ID	3732097
图层	1F-Arch
项目 名称	铝，青铜色阳极电镀
项目 类型	实体

项目 2

元素 ID	4037283
图层	1F-Arch
项目 名称	带配件的电缆桥架
项目 类型	线

图 8-41　BIM 碰撞检查

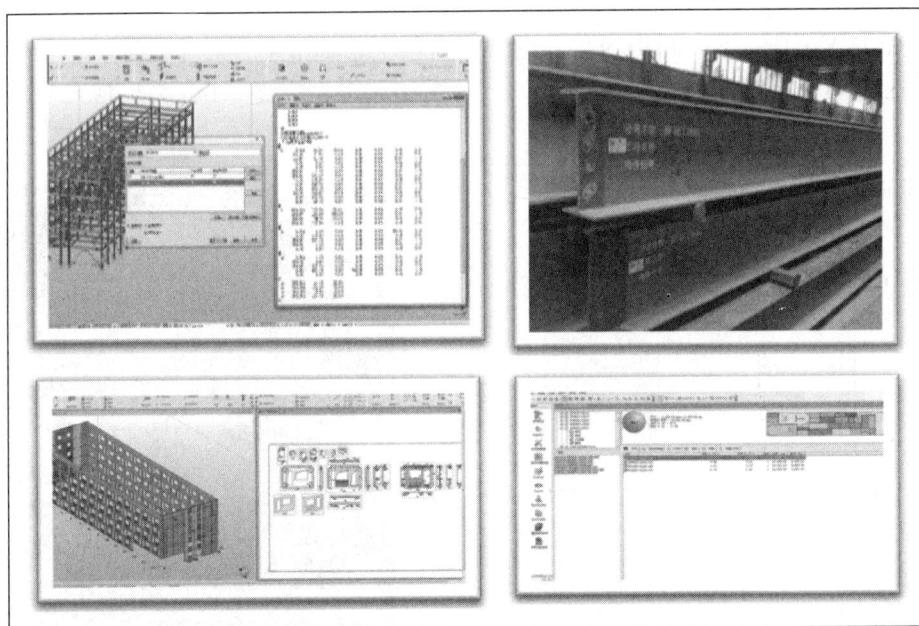

图 8-42　BIM 技术制造阶段应用

钢构件从成品入库，成品出厂，进场验收，安装完成整个过程中，使用 PDA 或者精工 BIM 平台 APP 进行二维码扫描，自动录入生产系统、SAP、BIM 平台，每一个过程均通过精工 BIM 平台可进行物流追溯，并追溯到每一个过程的操作个人。项目业主、高层领导、制造工厂、各项目部、技术中心等通过 BIM 平台，对本项目进行实时跟踪查询。针对钢构件发货配套问题，采用大数据平台对钢构件的流转环节实现配套预警（图 8-43），要货联系人及时联系工厂，督促工厂按时发货，确保现场能按预定计划施工。在 BIM 物联网平台，各部门人员对于钢构件的安装程度均能有所了解，模型中，对于钢构件的状态用不同颜色进行区分（图 8-43），因而能清楚知道钢构件的定位，方便各方整体把控施工进度。

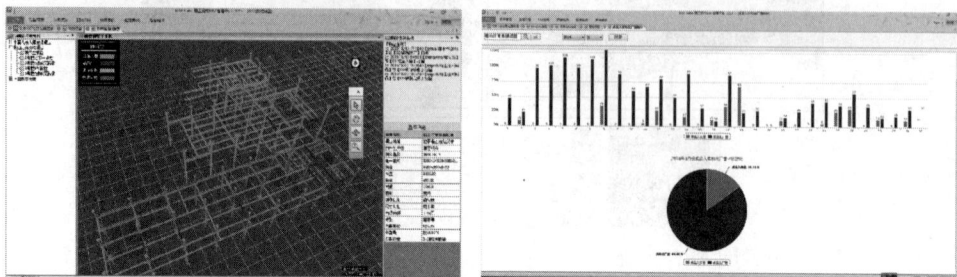

图 8-43　BIM 物联网平台构件安装情况展示

8.3　郭公庄一期公租房 —— 装配式装修工程案例

8.3.1　工程项目概况

北京郭公庄一期公租房项目（图 8-44）位于北京市丰台区花乡地区，紧邻丰台科技园区总部基地。项目北侧 1000m 是南四环路，西侧 500m 为地铁九号线郭

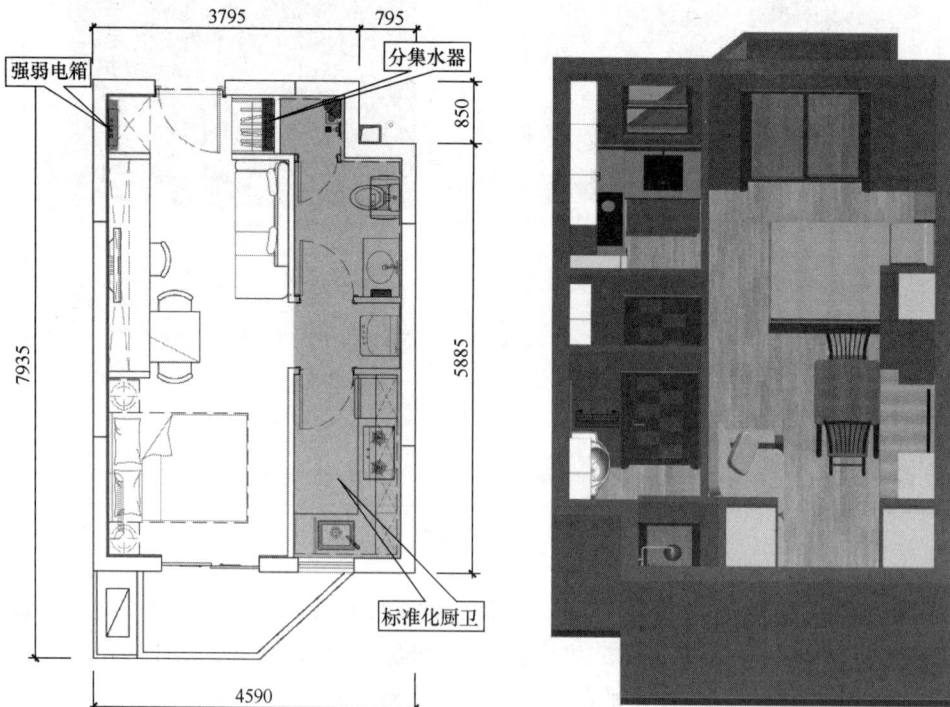

图 8-44　郭公庄一期公租房项目 A1 户型图

公庄站，对外交通便利。规划建设用地面积 58786m²，建设范围东至郭公庄路、西至规划小学与公共绿地、南至六圈南路、北至郭公庄一号路。总建筑面积 21 万 m²，住宅建筑面积 13 万 m²，3002 套，建筑高度 60m，建筑层数 21F。采用开放街区、混合功能、围合空间规划理念。

本项目采用小户型，标准化设计。一居室建筑面积 40m² 左右，两居室 60m² 左右，其中 A1 户型占比超 77%，户型的标准化设计在一定程度上保证了预制构件模具的重复利用率，可有效地降低预制构件生产的成本，利于工业化建造。分室隔墙采用轻钢龙骨轻质隔墙，满足公租房灵活调整空间的居住需求。

8.3.2　室内装修设计

1. 装修集成设计

在郭公庄一期项目，装配式装修理念从项目的建筑设计阶段便开始植入，形成建筑与内装的无缝对接，便于交叉施工，提高效率。具体体现在：

（1）将集成式卫生间和集成式厨房模块化，保证其内部部品部件在不同户型之间最大程度协同一致，在建筑设计阶段需要将厨卫的模块化数据作为重要参考融入建筑结构，可以从源头上控制建造成本。

（2）将管线尽可能优化到装配式隔墙上，从而减少结构墙上为管线预留的架空余量，结构墙上装配式墙面的调整仅仅考虑结构施工的偏差，调平调方正即可。

（3）装配式装修采用集成吊顶系统，在建筑设计阶段厨卫部分排风排烟的高度将集成吊顶系统进行综合考虑，预留排风排烟口应高于吊顶位置。

（4）在薄法排水系统中同层排水地面厚度在 120mm，考虑到室内无高差障碍，居室集成采暖地面同样在 120mm。

（5）给水管线采用并联的分集水器设置，供水更加均衡。

2. 装修部品设计

装配式装修部品设计涉及材料的选择、部品与结构设计的协调、设计与安装的匹配、系统集成等内容。

（1）设计材料选择以绿色环保节能安全为基本标准。郭公庄一期公租房项目的基础材料采用天津达因建材有限公司自主研发、生产的"圣马克"绿色环保材料，可回收、可重复利用，所选材料以硅酸钙板和金属为基材，60% 以上可重置。郭公庄一期公租房项目中原材料在使用前均进行了抽样检测，杜绝检测不合格的原材料产生质量隐患。

（2）部品设计中优先考虑标准模块。在一期郭公庄一期项目中，配合部品的工厂化生产，大量采用标准模块，比如地暖模块、集成墙面、集成吊顶系统。厨房与卫生间采用集成吊顶系统，在设计吊顶板排板时优先使用标准规格板，且要保证排板的整体合理性，沿房间的长向排板，且应注意长度控制，防止过长易导致板材变形。

（3）部品设计综合考虑系统集成。如厨卫集成吊顶系统是通过装配式吊顶与设备设施集成，比如灯具、排风扇等设备设施；集成地面系统是装配式楼地面与地暖模块的集成；集成墙面系统是装配式墙面与装配式隔墙的集成等；集成厨房系统是橱柜一体化、定制油烟分离烟机、灶具等设备集成；此外设计文件明确所采用设备设施的材料、品种规格等指标。

3. 装修设备管线设计

设备管线设计是内装设计与机电设备等进行协调的重要一环。期间需要重点考量三个层面的内容：一是预留空间，二是设计的精准度，三是对特殊功能区管线的处理。

（1）为管线敷设预留空间。预留空间主要位于地面架空层、吊顶、墙面空腔等。墙体内有空腔的装配式隔墙，可在墙体空腔内敷设给水分支管线、电气分支管线及线盒等。装配式墙面的连接构造应与墙体结合牢固，宜在墙体内预留预埋管线、连接构造等所需要的孔洞或埋件。

（2）管线设计力求精准。与传统装修在建筑结构开槽打孔不同，装配式装修要求作业现场避免打孔、裁切，因此在设计中要充分考虑管线敷设路径。

（3）特殊功能区管线的处理。尤其在厨房卫生间，充分考虑防水、防油污等特殊要求。卫生间采用干湿分离式设计，设计防水防潮隔膜、防水涂料、卫生间淋浴底盘。

8.3.3 装修部品生产制作

1. 装修部品性能要求

装修部品的加工制作要确保以下性能要求：

（1）主要部品防火性能保证优良。郭公庄一期公租房项目的装配式装修部品以无石棉硅酸钙板和金属为基材，包括墙板、地板、吊顶板、轻钢龙骨轻质隔墙等组成内装支撑构造的部品材料经国家建筑材料测试中心、国家建筑防火产品安全质量监督检验中心检测燃烧性能等级达到 A 级。在全屋，80％以上部品部件的燃烧性能达到 A 级。

（2）卫生间部品提高防水性能。防水隔膜 1h 耐静水压 1.2MPa，不透水。渗透系数为 3.8×10^{-12} cm/s。此外，在卫生间设置了止水条、导水条等装配式防水构造，以增强整体防水性能。

（3）地暖模块中的热功能性。根据《预制轻薄型地暖板散热量测定方法》THU HF001—2008，清华大学建筑环境检测中心检测结果，地暖板向上散热比例达到 83％以上，装饰层上表面平均温度 23.6～27.5℃，地暖模块热功能性强于市场上一般轻薄型地暖板。

2. 部品生产质量控制要点

装修部品的加工制作质量控制要满足以下要求：

（1）数据精准测量。部品生产基于精准测量，在设计前期对现场进行准确测量，测量精度要求准确到毫米级别，并且在生产前期进行数据核验，根据核验结果确定标准产品和定制产品的数据。此外，定制产品的加工数据应预留公差余量，避免现场二次加工。

（2）集成制造与柔性制造。部品工厂化生产并进行集成是郭公庄一期公租房项目中保障现场装配效率提升的关键环节。项目涉及八大部品子系统都是以工厂化集成为基础，部品之间协同提升装配式装修施工效率。

以生态门窗系统为例，门扇由铝型材与板材嵌入结构，集成木纹饰面，防火等级达到 A 级。门窗、窗套用镀锌钢板冷轧工艺，表面集成木纹饰面。装修现场仅一把螺丝刀完成全部门窗的安装。同样，地暖模块、吊顶、墙面等一系列的部品均在工厂完成生产，并形成模块化，现场进行快速安装。给水系统的水管通过专用连接件实现快装即插，卡接牢固；集成地面系统在工厂集成地暖模块，现场进行组装。此外，部品工厂生产兼顾柔性化制造。

郭公庄一期项目中所使用的窗套宽度可任意尺寸定制；快装给水系统适用于室内任意长度的给水、中水及热水管线系统；地暖模块采用标准模块与非标模块组合（图 8-45），适用于任意地面。

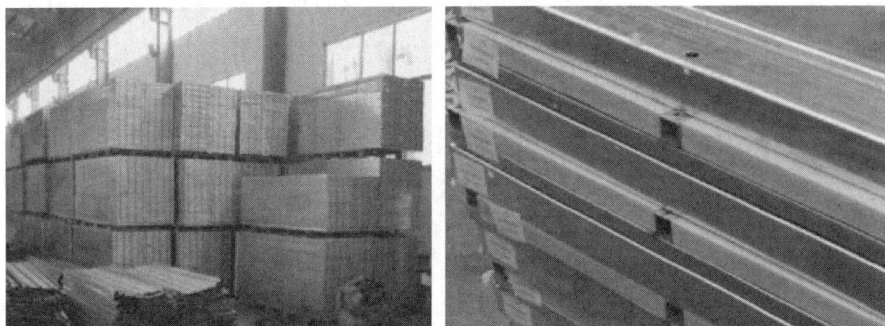

图 8-45 标准地暖模块与非标准地暖模块

（3）包装配送组织有序。产品包装都有严格规范要求，定制产品清单包含产品编码（图 8-46）、使用位置、生产规格等信息。在部品配送环节，不断优化管理流程，为保证项目原材料及时准确到位，保证现场装配效率，取消原来材料配送中的料场分发，改为按楼栋单元供应，材料分户打包，保证施工材料准确发放。

图 8-46 产品编码示意图

8.3.4 装修部品装配施工

本项目在室内装修系统中全部采用装配化施工工艺，现场基本取消湿法作业。在现场装配施工安装环节，操作工人用螺丝刀、手动电钻、测量尺等小型工具完成全部安装作业，作业环境整洁安静，且节能环保。各装修系统具体施工工艺分述如下：

1. 装配式隔墙子系统

（1）装配式隔墙子系统构造做法。

装配式隔墙子系统构造做法是，采用 86mm 厚快装轻质隔墙，由轻钢龙骨内填岩棉外贴涂装板组成（图 8-47），主要用于居室、厨房、卫生间部位的隔墙。可

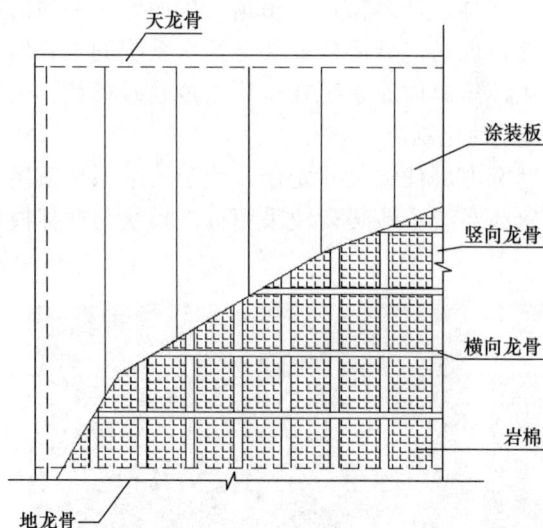

图 8-47　快装轻质隔墙构造示意图

根据住户居住空间实际需求灵活布置，采用干法制作，具有装配速度快、轻质隔声、防腐保温和防火的特点。

轻钢龙骨轻质墙的分室隔墙，通过填充环保隔音材料，降低噪声污染，通过专用部件快速调平墙面，摒弃传统的抹灰调平等湿法作业。尤其在卫生间墙面，会加上防水涂层、并且在拼装工艺上加入特殊处理以保证卫生间墙面的防水效果；在厨房的墙面做上防油污涂层，利于厨房空间清理和保养。

隔墙天地龙骨和竖向龙骨使用 50C 型轻钢龙骨，横向龙骨使用 38C 型轻钢龙骨，根据壁挂物品设置加强龙骨；50mm 厚岩棉为燃烧性能 A 级的不燃材料，填塞于隔墙内，可起防火隔声作用。为保证装修品质，对集成式墙面系统的隔声效果做了检测，检测结果显示室内隔声达到43dB，符合国家标准。

（2）装配式隔墙子系统安装工艺。

1）前置条件：把室内妨碍施工的材料及垃圾清理干净。仔细和图纸核对放线尺寸和图纸尺寸是否相符。原结构预留管线是否符合优化图纸的要求，对原预留位置不准确的管线进行修复。各方面检查无误后才可进行龙骨的施工工作。

2）龙骨安装：天地龙骨及附墙龙骨安装完后，开始安装竖向龙骨。结构墙龙骨施工。根据墙面平整度调平丁型涨塞。厨房和卫生间墙面板需要横装时，根据设计位置增加双排 38 龙骨方便固定墙板。竖向龙骨和单面龙骨施工完验收合格后，可进行线管线盒布置。

隔墙与结构墙龙骨安装工艺流程图如图 8-48 所示，安装实景图如图 8-49 所示。

（3）装配式隔墙子系统安装施工技术要点。

1）竖向龙骨安装于天地

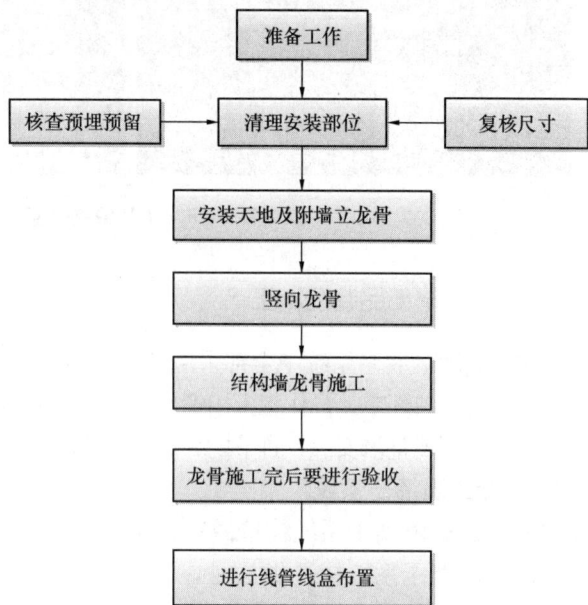

图 8-48　隔墙与结构墙龙骨安装工艺流程

龙骨槽内，门、窗口位置应采用双排竖向龙骨；竖向龙骨两侧安装横向龙骨，每侧横向龙骨不应少于 5 排。

2）卫生间隔墙应设 250mm 高防水坝，防水坝采用 8mm 厚无石棉硅酸钙板。防水坝与结构地面相接处，应用聚合物砂浆抹八字角。

3）隔墙内水电管路铺设完毕固定牢固且经隐蔽验收合格后，填充 50mm 厚岩棉。

图 8-49　隔墙与结构墙龙骨安装实景

4）卫生间隔墙内 PE 防水防潮隔膜应沿卫生间墙面横向铺贴，上部铺设至结构顶板，底部与防水坝表面防水层搭接不小于 100mm，并采用聚氨酯弹性胶粘接严密，形成整体防水防潮层。卫生间隔墙内侧安装横向龙骨时自攻螺栓穿过 PE 防水防潮隔膜处，应在自攻螺栓外套硅胶密封垫，将 PE 防水防潮隔膜压严实。

2. 装配式墙面子系统

（1）装配式墙面子系统构造做法。

装配式墙面子系统构造做法是，采用 8mm 厚的硅酸钙复合墙板，通过专用部件快速调平，摒弃传统的抹灰调平等湿法作业。居室墙面板标准板宽度 900mm，厨卫墙板的标准板宽度 600mm，最大程度符合模数，墙板为表面集成壁纸、石材等肌理效果的硅酸钙板，既保证装修美观性又提升了实用性。

（2）装配式墙面子系统安装工艺。

1）前置条件：龙骨、加固板等支撑构造和岩棉、管线等填充构造已经完成，且复核满足图纸要求；测量墙板加工尺寸并根据排板图整理好编号。按图纸编号，从小到大编号依次预排墙板，核对墙板材料无缺失。

2）墙板安装：安装墙板从阳角或门窗洞口开始往两边排布安装，没有阳角或门窗洞口的，从墙面阴角的一侧开始安装墙板，顺时针墙面安装。安装墙板时，先检查墙板需要安装位置是否有水电预埋口，如有需要在该位置开好响应的孔洞。装配式墙面的墙角最后一块板，宜用结构胶将墙板与龙骨点粘固定。顺时针地下一墙面第一块板再顶住本墙面最后一块墙板。墙板之间预留 3mm 缝隙，用于 C 型钩固定墙板。超过 48h 以后，摘除 C 型钩，打与墙板同色密封胶。

装配式墙面安装工艺流程图如图 8-50 所示，安装实景图如图 8-51 所示。

```
准备工作
龙骨安装完毕 → 测量
预排板
安装墙板与切口
固定工字型铝型材
边角固定
```

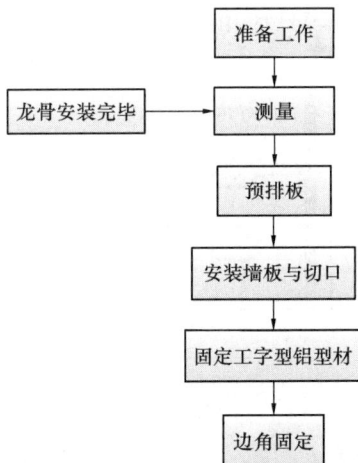

图 8-50　装配式墙面安装工艺流程

（3）装配式墙面子系统安装施工技术要点。

171

图 8-51　装配式墙面安装实景图

装配式墙面板间缝隙应用防霉型硅酮玻璃胶填充并勾缝光滑。

3. 集成采暖地面子系统

（1）集成采暖地面子系统构造做法。

集成采暖地面子系统的构造做法是，由地暖模块、可调节地脚组件、平衡层和饰面层组成（图 8-52），用于居室、厨房等部位，设计高度为 110mm。在楼板上放置可调节地脚组件支撑地暖模块，架空空间内铺设机电管线，可灵活拆装使用，安装方便，便于维修，无湿作业且使用寿命长。

可调节地脚组件由聚丙烯支撑块、丁腈橡胶垫及连接螺栓等组成，通过连接

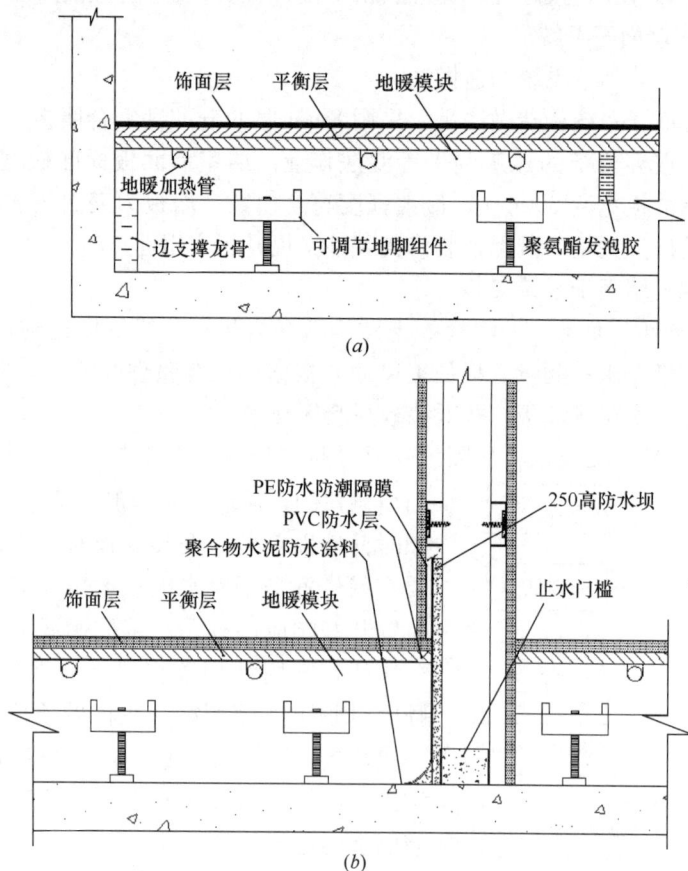

(a)

(b)

图 8-52　采暖地面构造做法

(a) 模块式快装采暖模块；(b) 卫生间模块式快装采暖模块

螺栓架空支撑地脚组件可方便地调节地暖模块的高度和面层水平以避免楼板不平的影响，在架空地面内铺设管线还可以起隔声作用。地暖模块由镀锌钢板内填塞聚苯乙烯泡沫塑料板材组成，具有保温隔热作用，并使热量上传以充分利用热能。

（2）集成采暖地面子系统安装工艺。

集成采暖地面的前期测量非常重要，要为地暖模块、地脚螺栓的设计尺寸提供依据，也是为下料订单提供准确尺寸，以便材料按实际需要规格分户打包及配送。

1）前置条件：为防止灰尘落入架空层和污染模块面层，墙面龙骨安装完成，顶棚湿作业砂纸打磨完后才可进行模块的铺装工作。按照图纸复核编号及尺寸，按序号排列，按图纸排布铺设地暖模块。

2）模块安装：预装模块的调整支座高度使之保持水平，安装地暖模块连接扣件并用螺丝和地脚拧紧；模块铺好后，检查房间四周离墙距离是否符合设计图纸要求；按设计图纸走向铺设采暖管，接入分集水器位置留量要充足；铺设采暖管时应先里后外，逐步铺向集分水器的原则；要随铺随盖保护板并用专用卡子卡牢；模块全部铺完用红外水平仪再精确调整水平，用靠尺仔细检查是否平整，达到验收标准，检测无误后，墙面四周缝隙用发泡胶间接填充，防止模块整体晃动；模块缝隙用布基胶带封好；铺设地板前应连接集分水器并且进行打压实验，打压实验验收合格并做好隐蔽验收记录后方能铺设面层地板。

集成采暖地面子系统安装工艺流程图如图 8-53 所示，安装实景图如图 8-54 所示。

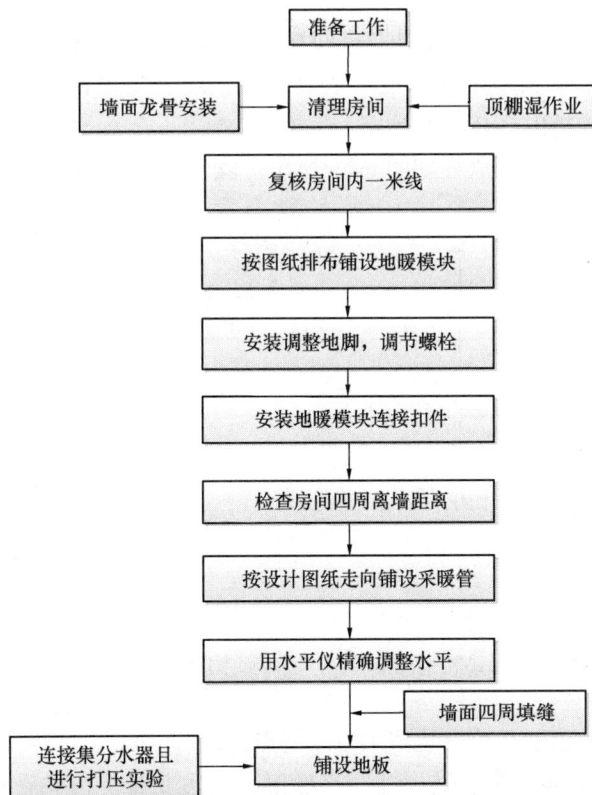

图 8-53　集成采暖地面子系统安装工艺流程

图 8-54　集成采暖地面子系统安装实景

（3）集成采暖地面子系统安装施工技术要点。

1）地暖模块调平连接后，踩踏无异响。

2）水压试验应以每组分、集水器为单位，逐回路进行，试验压力应为工作压力的 1.5 倍，且不应小于 0.6MPa。

4. 装配式吊顶子系统

（1）装配式吊顶子系统构造做法。

装配式吊顶子系统构造做法是，由铝合金龙骨和 5mm 厚涂装外饰面组成（图 8-55），用于厨房、卫生间和封闭阳台等部位吊顶。吊顶边龙骨沿墙面涂装板顶部挂装，固定牢固，边龙骨阴阳角处应切割 45°拼接，以保证接缝严密。

（2）装配式吊顶子系统安装工艺。

1）前置条件：墙板安装完毕，墙板和顶板之间的岩棉用硅酸钙毛板封堵后才可进行吊顶的安装工作。

2）吊顶安装：几字形龙骨根据房间净空尺寸，阴角部位切割 45°角。边龙骨安装完毕后，开始安装顶板和"上"字形龙骨。安装完顶板后，要仔细检查龙骨和龙骨、龙骨和顶板的搭接是否严密。

装配式吊顶安装工艺流程如图 8-56 所示，安装实景如图 8-57 所示。

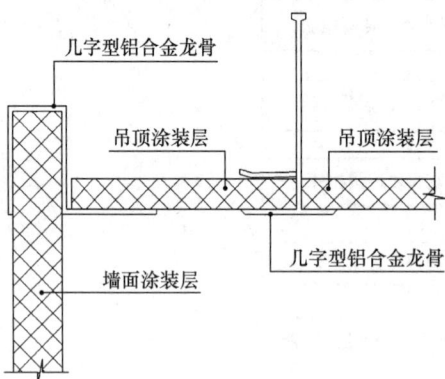

图 8-55　装配式吊顶构造图

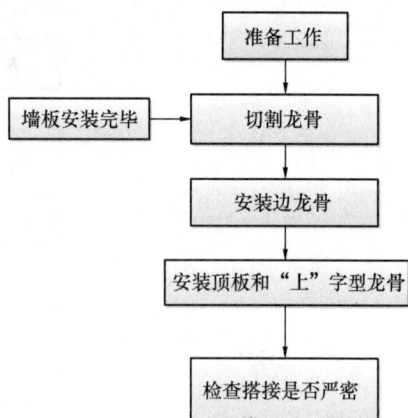

图 8-56　装配式吊顶安装工艺流程

（3）装配式吊顶子系统安装施工技术要点：

1）沿墙面涂装板上沿挂装"几"字形铝合金边龙骨，边龙骨与涂装板固定应牢固。

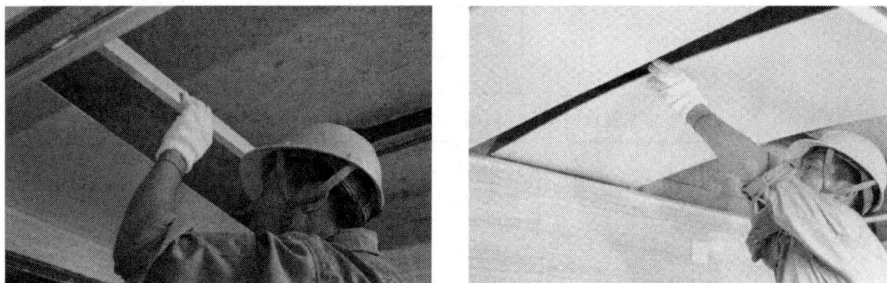

图 8-57 装配式吊顶安装实景图

2）两块吊顶板之间采用"上"字形铝合金横龙骨固定，横龙骨与边龙骨接缝应整齐，吊顶板安装应牢固、平稳。

5. 集成式卫生间子系统

（1）集成式卫生间子系统构造做法。

集成式卫生间是可以定制各种形状与规格，在此基础上形成可靠的防水构造体系，要特别重视卫生间的防水防潮处理。

防水构造做法是：在墙板留缝打胶或者密拼嵌入止水条，实现墙面整体防水；墙面柔性防潮隔膜，引流冷凝水至整体防水地面，防止潮气渗透到墙体空腔；地面安装工业化柔性整体防水底盘，通过专用快排地漏排出，整体密封不外流；浴室柜采用防水材质柜体，匹配胶衣台面及台盆。

（2）集成式卫生间子系统安装工艺。

集成式卫生间安装工艺流程如图 8-58 所示。

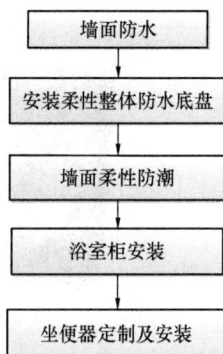

6. 集成式厨房子系统

集成式厨房子系统的特点，主要是设计、制作与施工要一体化；厨房所需要的墙面、地面、管线、设备、橱柜等要定制化。

```
墙面防水
   ↓
安装柔性整体防水底盘
   ↓
墙面柔性防潮
   ↓
浴室柜安装
   ↓
坐便器定制及安装
```

图 8-58 集成式卫生间
安装工艺流程

要特别重视防水、防油污措施。厨房装修材料采用防水防油污的 UV 涂装材料，定制胶衣台面，防水防油污且耐磨。

排烟管道暗设吊顶内，采用定制的油烟分离烟机，直排、环保、排烟。

7. 集成内门窗子系统

（1）集成内门窗子系统构造做法。

集成内门窗子系统构造做法是：采用的是铝－硅酸钙复合门，门扇由铝合金边框与硅酸钙复合板整体制作，门锁与门扇在工厂集成；门套由镀锌钢板复合涂装制作，合页与门套在工厂集成一体；窗套与窗台板在工厂一体化集成。

（2）集成内门窗子系统安装工艺。

集成内门窗安装工艺流程如图 8-59 所示，安装实景图如图 8-60 所示。

8. 快装给水子系统

（1）快装给水子系统构造做法。

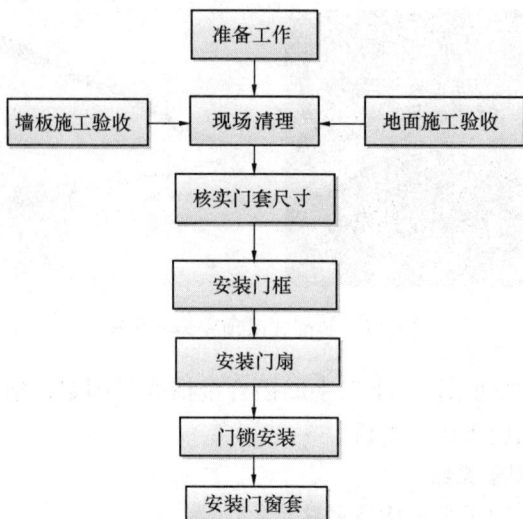

图 8-59　集成内门窗安装工艺流程

图 8-60　集成内门窗安装实景图

装配式装修的快装给水系统构造做法是：系统采用卡压式铝塑复合给水管、分水器、专用水管加固板、水管座卡、水管防结露等构成。给水管的连接是给水系统的关键技术，要能够承受高温高压并保证 15 年寿命期内无渗漏，尽可能减少连接接头，本系统采用分水器装置并将水管并联。

快速定位给水管出水口位置，设置专用水管加固板，根据应用部位细分为水管加固双头平板、水管加固单头平板、水管加固 U 型平板。分水器与用水点之间整根水管定制无接头。快装给水系统通过分水器并联支管，出水更均衡。水管之间采用快插承压接头，连接可靠且安装效率高。水管分色和唯一标签易于识别。

（2）快装给水子系统安装工艺。

给水管道为按户定制产品，所以在设计之前，需要对每一个户型进行测量，通过放出水管路由线来测量水管长度（含管井内预留尺寸），为设计该户给水管提供数据支持。每个户型每个房间水管及其配件均分户打包及配送。

1）前置条件：为防止施工中破坏水管，水管装配前，隔墙竖龙骨和单侧水平龙骨安装和房间内湿作业完成后才可进行给水管道的安装工作。对照图纸复核水管路由尺寸，复核长度和配件数量是否与来料单相符。

2）水管安装：尺寸和材料检查无误后，根据图纸标注尺寸定位固定板位置并标注固定孔位置点，用冲击钻打孔，安装固定板。带座弯头用十字平头燕尾螺丝固定到平板上。水管的排布为左热右冷。顺直布置于地面的管线。对走管有妨碍的地龙骨切割缺口方便管路通过。管线顺直后，墙面、轻钢龙骨、地面要使用固定卡固定。顶板水管有交叉通过时，采用高低交错的管卡；水管需要弯曲时，请使用专用工具。水管施工完毕检查无误后，打压验收合格后，顶部水管做防结露处理。

快装给水子系统安装工艺流程如图 8-61 所示，安装实景如图 8-62 所示。

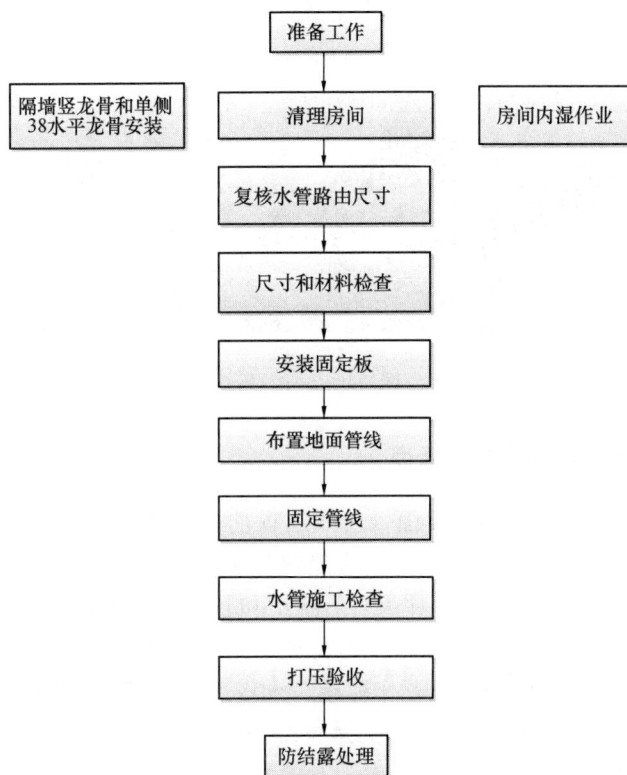

图 8-61　快装给水子系统安装工艺流程

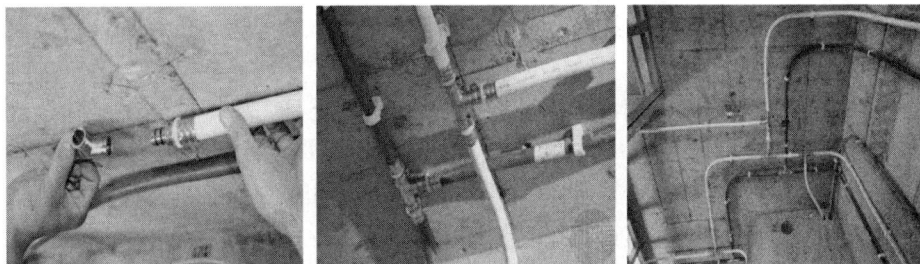

图 8-62　快装给水子系统安装实景

（3）快装给水子系统安装施工技术要点。

1）给水分水器与用水点之间的管道应一对一连接，中间不应有接口。

2）管件之间连接采用承插式快插快拔，但要使用卡扣和扎带的双层安全固定。

9. 薄法同层排水子系统

薄法同层排水子系统具体做法：排水管线采用 PP 材质的同层排水构造，在架空地面下布置排水管，与其他房间无高差，空间界面友好。

同层所有 PP 排水管胶圈承插，使用专用支撑件在结构地面上顺势排至公区管井，维修便利且不干扰邻里。

通过优化设计，对于同层排水卫生间无需降板，实现 13mm 的薄法同层排水体系。专用地漏提升薄法同层排水效率，满足瞬间集中排水，防水与排水相互堵疏协同，结合薄法同层排水一体化设计，契合度高。

薄法排水系统安装实景图如图 8-63 所示。

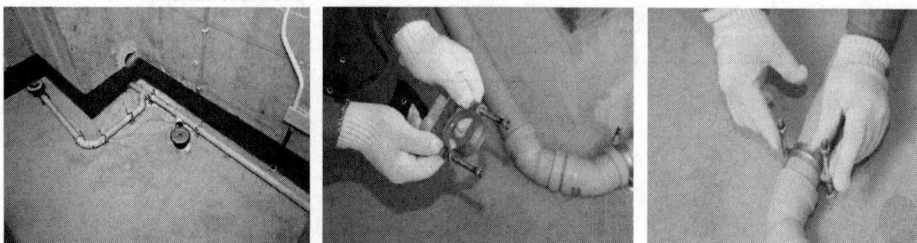

图 8-63　薄法排水系统安装实景图

8.3.5　工程项目装修的创新点

1. 全面使用四合一多功能地面（管线通道功能＋地面标高控制和找平功能＋地暖功能＋装饰功能）安装体系及轻质隔墙体系，基本实现了管线与结构分离，保证了建筑物全生命周期价值，并为日后维护和翻新打好基础。

2. 除少量墙顶粉刷外，所有部品均实现了工厂化定制、标准化装配安装。采用全装配的集成方式比传统方式湿作业减少 90％ 以上。部品部件的工厂化率和现场的装配化率基本达到 100％，为日后运行维护提供了更好的条件。装修现场告别了"手艺人"时代，100％ 的装配化率为实现农民工向产业化工人转化提供了条件。

3. 采用先进的地面构造体系和轻质隔墙体系，可大幅节约材料。本项目采用的集成墙面系统为例，采用墙面挂板代替传统装修的抹灰找平，3008 户室内装修墙面可以减少砂浆用量 1 万多吨，同理可测算得装配式装修方式的地面比传统装修节约砂浆 6800 多吨。

4. 本项目装配施工周期，比传统施工缩短 2～3 个月，室内装修一步到位（包括全部日常使用部品），租户可拎包入住。

5. 本项目实现了全寿命周期的使用与维护，后期维修、翻新极为方便，维护翻新时现有材料 60％ 以上可以再循环使用。

8.3.6　经济效益分析

1. 用工用时方面。与传统装修相比，60m² 的两居室，用工大约 10 多个工人，用时 2～3 个月；本项目采用装配式装修方式，60m² 的两居室，用工 3 个工人，用时 10 天完成。

2. 综合成本测算。从全生命周期看，装配式装修降低人工成本，节约工时，综合比传统装修整体节约工费 60%。

3. 环境效益方面。装配式装修整体作业环境友好，无污染、无垃圾、无噪声。项目采用干法施工，与传统装修相比较节水率达到 85%；由于工厂化施工产品的精准度大幅提升，避免了原材料浪费，与传统施工相比较节约用材达到 20%；节能方面，全程节能降耗率达到 70%，尤其地暖模块，充分利用保护层的平衡板阻止热量向地面传导，热效率极大提高。

此外，装配式装修大幅度减轻楼板荷载，延长建筑使用寿命。工业化生产的标准部件利于后期维护与更换，装修基础材料安全环保。

综上所述，郭公庄一期公租房的装配式装修（图 8-64～图 8-66）充分体现了我国建筑工业化发展的理念，符合我国装配式建筑"适用、经济、安全、绿色、美观"的要求，值得大力推广。

图 8-64　郭公庄一期公租房居室实景

图 8-65　郭公庄一期公租房卫生间实景

图 8-66　郭公庄一期公租房厨房实景